U0303644

汉译世界学术名著丛书

物理科学的哲学

〔英〕阿瑟·爱丁顿 著

杨富斌 鲁勤 译

Sir Arthur Eddington
THE PHILOSOPHY OF
PHYSICAL SCIENCE

此书根据剑桥大学出版社 1939 年版译出

阿瑟·斯坦利·爱丁顿爵士（1882—1944）

汉译世界学术名著丛书
出 版 说 明

我馆历来重视移译世界各国学术名著。从 20 世纪 50 年代起,更致力于翻译出版马克思主义诞生以前的古典学术著作,同时适当介绍当代具有定评的各派代表作品。我们确信只有用人类创造的全部知识财富来丰富自己的头脑,才能够建成现代化的社会主义社会。这些书籍所蕴藏的思想财富和学术价值,为学人所熟知,毋需赘述。这些译本过去以单行本印行,难见系统,汇编为丛书,才能相得益彰,蔚为大观,既便于研读查考,又利于文化积累。为此,我们从 1981 年着手分辑刊行,至 2013 年年底已先后分十四辑印行名著 600 种。现继续编印第十五辑。到 2015 年年底出版至 650 种。今后在积累单本著作的基础上仍将陆续以名著版印行。希望海内外读书界、著译界给我们批评、建议,帮助我们把这套丛书出好。

商务印书馆编辑部

2015 年 3 月

译者序言

本书是英国著名天文学家、理论物理学家、数学家和科学哲学家阿瑟·斯坦利·爱丁顿(Sir Arthur Stanley Eddington,1882.12.28—1944.11.22)撰写的著名科学哲学著作之一。在这本著作的扉页上标有爱丁顿的身份或荣誉,它们是:英国功劳勋章(OM)获得者、文学硕士(M.A.)、科学博士(D.Sc.)、法学博士(LL.D.)和英国皇家学会会员(FRS)。

学术界公认,爱丁顿不仅是20世纪研究恒星内部结构的先驱之一,而且是早期验证爱因斯坦广义相对论的主要负责人。爱因斯坦论引力的著名论文发表在第一次世界大战中期的1916年,其时英国和德国科学家之间的直接通信联络已切断。然而,爱丁顿从处在中立的荷兰天文学家德西特(Millem de Sitter,1872—1934)那里收到爱因斯坦的这篇论文。他理解爱因斯坦的革命性新思想的意义,同时也掌握了爱因斯坦理论的物理内涵和新数学方法,在此基础上,他撰写了一篇论引力理论的报告,发表于1918年。因此,他被认为是英国第一位用英语宣讲相对论的科学家。他后来出版的著作《论相对论》(*On the Theory of Relativity*)、《空间、时间和引力》(*Space, Time and Gravitation*)以及《相对论的数学理论》(*Mathematical Theory of Relativity*),主要目的是向说英语的世界揭示这些思想,因而他的名字永远和真正懂得爱因斯坦理论的极少数人的名字联系在一起。

除此以外,爱丁顿还是 1919 年由英国皇家学会发起组织的两个日食观测队之一的领导者。他们试图通过观测日食,测量光线经过太阳旁边时所发生的偏折而验证爱因斯坦理论。这两个观测队是在战争的最黑暗的日子里组织起来的。当时爱因斯坦仍在德国,用政治术语来说,他是一名敌方科学家。因此,爱丁顿煞费苦心和无畏地证实爱因斯坦所预言的光线偏折的量值,不仅是科学史上最为轰动的事件之一,也是拒不承认政治和国家界线,示范科学国际性的事件。①

1882 年 12 月 28 日,爱丁顿出生于英格兰肯达尔一个贵格会家庭,父亲是一位中学校长。1893 年他进入布里麦伦学校学习,在这里他初步显示出在数学和英国文学方面颇具天才。1898 年他进入曼彻斯特维多利亚大学欧文斯学院学习物理学,1902 年以优异成绩获得科学学士学位。同年,进入剑桥大学三一学院学习,1905 年获三一学院的硕士学位,并进入卡文迪许实验室研究热辐射。1905 年他到格林威治天文台工作,分析小行星爱神星的视差,发现了一种基于背景有两颗星星的位移进行统计的方法,因此他于 1907 年获得史密斯奖。这个奖项使他获得剑桥大学的研究员资格。1912 年达尔文的儿子、剑桥大学的终身教授乔治・达尔文去世,爱丁顿被推荐接替其职位,当上了普鲁米安(Plumian)天

① 参见瓦利著:《孤独的科学之路:钱德拉塞卡传》,何妙福、傅承启译,上海科技教育出版社 2006 年版,第 37—38 页。

文学和实验哲学教授。1913年初,爱丁顿被任命为剑桥大学天文学和实验物理学终身教授。1914年他被任命为剑桥大学天文台台长,不久就被选为英国皇家学会会员,并在1918年获得英国皇家学会的勋章。

1920年,爱丁顿第一个提出恒星的能量来源于核聚变,为此他和詹姆士·金斯爵士进行了一场旷日持久的辩论,直到1939年美国天文学家汉斯·贝特计算出太阳的能源是氢原子经过四步核聚变反应形成氦才算结束。1923年他出版了《相对论的数学理论》,爱因斯坦认为这本书"在所有语言中是表达这个主题最好的版本"。

从1920年开始,直到他去世,他一直致力于将量子理论、相对论和引力理论统一起来,形成一个"基本理论"。1938年,他开始担任国际天文学联合会主席,直到1944年11月22日与世长辞。

在晚年,爱丁顿明确而激烈地反对他的学生和同事之一——印度裔科学家萨布拉曼扬·钱德拉塞卡(Subrahmanyan Chandrasekhar)提出的关于白矮星的最大质量限界理论,钱德拉塞卡认为超过这个界限,恒星的坍塌会形成中子星、夸克星,直到黑洞。事实证明,钱德拉塞卡是正确的,他为此获得了1983年诺贝尔物理学奖。而倘若爱丁顿为钱德拉塞卡的重要发现欢呼,并因此把它向世界宣布,如同他对爱因斯坦理论所做的那样,并且假如爱丁顿认真地采纳了黑洞的概念,那么,爱丁顿本人有可能会成为认识到天文宇宙里存在黑洞的第一人,而且能提早20年左右开创广义相对论框架里引力坍缩的研究工作。

爱丁顿还写过一些科普著作,最著名的是他在1929年阐述过一个"无限猴子理论",认为"如果许多猴子任意敲打打字机键,最终可能会写出大英博物馆里所有的书"。

爱丁顿的主要学术著作有:《空间、时间和引力:广义相对论进阶》(1920 年)、《恒星和原子》(1926 年)、《恒星内部结构》(1926 年)、《科学和未知世界》(1929 年)、《膨胀着的宇宙:天文学的重要数据》(1931 年)、《质子和电子的相对论》(1936 年)、《物质世界的性质》(1928 年)、《科学的新道路》(1935 年)、《物理科学的哲学》(1939 年)等。

正如爱丁顿本人在本书序言中所说:"本书包含了我于 1938 年复活节学期在剑桥大学三一学院所做的塔纳尔讲座讲演课程的主旨"。在这些讲演中,爱丁顿更加充分地发展了那些在其早期著作中就已经提出的同现代物理科学进步有关的哲学思想的原理,主要是其对有关相对论和量子力学提出的认识论问题所做的深入思考。

爱丁顿在本书中提出的主要哲学观点有,首先,哲学应当以坚实的具体科学理论为基础。尤其是在科学技术高度发达的当今时代,排斥科学的或者与具体科学理论不一致的哲学,很难说是一种真正适合当今社会和时代需要的真正的哲学。只有以建立在观察和实验基础上的具体科学为根据的哲学,才有可能成为真正的哲学。而爱丁顿所探讨的主要是以物理科学特别是以相对论和量子力学为基础的哲学,特别是相对论和量子力学理论提出的相关哲学认识论问题。如果说 1929 年由麦克米伦出版公司出版的怀特海(A.N.Whitehead)的代表作《过程与实在》(*Process and Reality*)主要探讨以相对论和量子力学等现代科学理论为基础的哲学宇宙论——该书的副标题就是“宇宙论研究”(An Essay in Cosmology),那么,爱丁顿的这部《物理科学的哲学》则主要是探讨以相对论和量子力学等现代科学理论为基础的哲学认识论。如果把这两部著作中探讨的内容综合起来,可以说,它们标志着西方哲学发展到了自牛顿以来哲学的最新阶段,是对康德、黑格尔等坚持辩证思维方法和综合哲学理念的哲学大师的思想路线的继承和发展。如果说恩格斯在 19 世纪末的著名论断,即“随着自然科学领域每一划时代的发现,唯物主义也必然要改变自己的形式”[①]仍然是有道理的话,那么,随着自然科学在 20 世纪初出现的相对论和量子力学这些划时代的发展,哲学宇宙论和认识论也必然要改变自己的形式。在笔者看来,怀特海的过程哲学或有机哲学与爱丁顿在本书中阐述的认识论思想,正是回应自然科学在 20 世纪初的这些划时代发现而在哲学上做出的重大贡献。就建立在相对论和量子力学基础之上的哲学宇宙论和认识论而言,迄今似乎还没有其他哪些东西方哲学家做出过比他们两位更为系统的哲学研究和独创性贡献。在此问题上,我们尤其要警惕不能重犯前苏联马克思主义哲学家的错误,他们在“自然科学领域中每一个划时代的发现”面前都摔了跤,出了丑,因为他们总是力图把 20 世纪科学的新发现拉回到 19 世纪的唯物主义的框架中。[②]

其次,爱丁顿指出,为了使我们的科学基础确定无疑,我们必须相当深入地进入相对论和量子理论的原理之中。在本书中,他

---

① 《马克思恩格斯选集》第 3 卷,人民出版社 1972 年版,第 244 页。

② 参见闵家胤:《进化的多元论》,中国社会科学出版社 2012 年修订版,第 3 页。

主要探讨的是与他早年撰写的《物质世界的本质》一书中有所不同的方面，即主要探讨的是科学知识的性质或本质问题。在他看来，物理科学以及一切具体科学对客观世界的描述，都不可能具有完全客观的性质。这类知识既有客体性的方面，也有主体性的方面，是客观与主观的统一。以这种知识观为基础所建立的哲学，他称之为"主体选择论"或"建构主义"。

在笔者看来，爱丁顿所探讨的实际上是人们今天公认的所谓科学认识论。这也是他在第一章"科学认识论"中明确地认识到的。在那里，他把物理学与哲学之间一个有争议的领域称为"科学认识论"，明确地指出"认识论是探讨知识的性质的哲学分支"，而他所理解的科学认识论则是探讨关于物理宇宙的知识以及与之相关的物理宇宙的性质和状态的认识论分支。在他看来，物理知识的形式是描述世界，因而物理宇宙是以这种方式所描述的世界。科学是对知识**内容**的处理，而科学认识论则是对有关物理宇宙的知识**性质**的处理。在他看来，从狭义上说，物理学只是关于普遍性概括的科学。物理学家对特殊的事实不感兴趣，除非这些事实能作为概括的材料。他还特别强调，一定不要忘记，并非关于物理宇宙的所有知识都是由关于自然规律的知识所构成的。从这些论述以及随后各章的论述可见，爱丁顿同当时许多大科学家如爱因斯坦、薛定谔、玻尔、海森堡等人一样，既是著名的科学家也是伟大的哲学家，他们不仅在某一个领域推进了科学的发展，而且在某个方面极大地推进了哲学的发展。学习和研究 20 世纪的哲学和哲学发展史，绝不应当忽略这些兼具科学家和哲学家品格的伟大人物对人类哲学思想的深层推进和重大贡献。

再次，在选择主体论、不可观察之物、认识论方法的范围、认识论与相对论、认识论与量子论、发现还是制造以及关于分析、结构、存在的概念等章节中，爱丁顿对科学认识论提出许多独到的见解，这些见解对推进哲学认识论乃至整个哲学的发展，都具有十分重大的意义，其中涉及的问题无疑有待于我们继续深入地思考和研究。譬如，他明确提出，谁来观察观察者？答案是——认识论者。天文学家观察恒星，认识论者观察观察者。两者寻求的都是以观察为基础的知识。我们应当区分两种知识，一是关于物理宇宙的知识，一是关于认识论的知识，这两类知识的性质和作用显然是不同的。假如我们对宇宙不可能有先验的知识，就不可能对它有客观的先验知识。他还特别强调，他所提出的现代科学哲学思想即选择主体论，同贝克莱的主观主义没有丝毫关系。因为贝克莱的主观主义否认外部世界的客观性。而根据爱丁顿的观点，物理宇宙既非全都是主体性的，也非全都是客体性的，也不能说它是主体性与客体性的混合。在他看来，现代物理学所描述的关于物理宇宙的知识无疑是主体性的，因此，人类通过现代物理科学所认识到的物理宇宙也是如此。因为在他看来，“我们的第一个认识论结论是，物理知识是观察性质的知识，即每一种物理知识都断定了一种观察结构。”如果物理科学要回答“我们究竟观察到了什么”这个问题，那么，相对论会呼唤认识论来帮助科学。

值得注意的是，爱丁顿十分清楚地看到，从牛顿时代直到他那个时代，科学认识论实际上一直处于停滞不前的状态。大多数物理学家对认识论研究漠不关心，把它当作古代的过时思想弃置一边。而重新进入认识论研究这块领地，则成为现代物理学革命的开端,其第一个成果便是相对论。尽管如此,仍有许多物理学家不相信认识论研究,对于系统地发展科学的认识论仍有一种难以言表的不情愿。这些科学家还没有认识到,系统地深入探讨哲学认识论,对于科学的发展是极有裨益的。爱丁顿认为,科学哲学应当同科学实践有一定的关系,而这个观念在科学家中仍然是陌生的。因此,他在本书中给自己设定的任务和目标,就是重新使认识论研究进入科学家的视野和头脑之中。他明确指出:"当爱因斯坦的理论出现时,他不仅提出了一种新的认识论,而且他还把这种理论应用于决定引力定律和其他实际结果。""我坚信,整个物理学的基本假设体系都可以由认识论原理来代替。或者换句话说,所有通常被当作根本性的自然规律总体上都能根据认识论的思考预先就能认识到。""我的结论是,不仅自然定律,而且自然常量,都能从认识论结论中推导出来。"显然,这些观点在认识论领域迄今可能仍会有反对意见,但是,这种主体选择论观点所包含的值得进一步探讨的问题和新的哲学生长点,则是不容置疑的。爱丁顿的选择主体论所强调的是,自然规律本身作为宇宙本身的客观规律,与人们通过物理学研究所认识到的自然规律是不一样的,后者作为科学著作中所揭示的"科学规律"同自然本身中所具有的规律绝不是同一个东西。如果把科学规律与宇宙本身的规律混为一谈,这就会犯怀特海所说的"误置具体性的谬误。"

爱丁顿提出的另一个重要观点是,针对我们在科学研究中究竟能观察到什么这一问题,相对论给出的答案是——我们只能观察到关系;而量子理论给出的答案则是——我们只能观察到概率。如果这种观点是正确的,那么,自牛顿以来三百多年间在科学和哲学领域中占支配地位的机械决定论世界观从根本上就应当被推翻。因为诚如爱丁顿所追问的那样：微观世界中的所谓基本粒子及其规律是我们发现的，还是由我们制造的？科学认识论必须回答这个问题。爱丁顿明确指出："关键是要记住，实体概念在基本的物理学中已经不存在了；我们最终达到的是形式，即波！波!!波!!!"如果借助于相对论的术语，我们达到的是曲率！因此，千万不要把基本粒子想象为像台球一样各自独立的存在，同时还可保持自身的性质不变。在爱丁顿看来，量子力学家并非是通过实际的观察而真正地区分和发现了独立存在的基本粒子，而是通过实验工具的干扰而预测到了它们的活动规律。这就如同雕塑家通过自己的雕塑活动而从一块石头中"制造"出了某种形象（譬如人的头像）一样。显然，人的头像并不是预先存在于某一块大理石之中的独立实体，而是雕塑家通过自己的雕塑活动而"制造"出来的存在。而物理学家实际上给予自己的自由度比雕塑家还要大，因为雕塑家只是去掉石头材料上多余的部分，以得到他心目中想要的形式，物理学家则在必要时可以给自己的研究对象添加材料。

通过对分析的概念进行探讨，爱丁顿试图揭示物理知识表达方式中隐藏的思维框架或思维体系。他认为，分析的概念并不是思维必不可少的，尽管对任何科学思维形式来说，这个概念似乎是不可或缺的。他认为，物理学使用分析的目的，是把宇宙分解为彼此完全一样的结构单位。为什么质子不同于电子？相对论提供的答案是，它们实际上是相同的结构单位，而其不同则产生于它们与构成宇宙的物质的一般分布具有不同的关系。他批评那些只坚持分析方法的物理学家，认为他们把世界分析成了碎片，因此，他们有责任把世界重新整合到一起。而这仅仅靠分析方法是不可能完成的。他提醒人们注意，在观察和探究宇宙各种微观现象时，不能为了满足我们的思维体系的需要，而采取那种传说中的开黑店的强盗——普罗克汝斯忒斯之床式的削足适履方法。

在谈到结构概念时，爱丁顿指出，物理科学是由纯粹结构性的知识所构成的。因此，我们只知道它所描述的宇宙的结构。这不是关于物理知识的性质的猜测，相反，这恰恰是当今物理理论本身状态中所阐述的物理知识。知识的性质问题与确证知识的真理问题，这是两个不同的问题。爱丁顿关心的是如何可能做出关于头脑之外的事物的任何断定，这种断定（不管是真是假）具有可定义的意义。认识到物理知识是结构性知识，就可消除关于意识和物质的二元论。

在讨论存在概念时，爱丁顿指出，认为事物要么存在，要么不存在，这是一种原始的思维形式。在今天，我们有必要区分物理宇宙与物理学所描述的宇宙。但是，爱丁顿坚持认为，从认识论意义上看，物理宇宙也就是物理学所描述的宇宙，即认识论意义上的物理宇宙，而不是纯客观的、与人无关的物理宇宙，因为这种宇宙在现代物理学的认识之外，无法对之进行认真的讨论。爱丁顿试图拒斥任何形而上学意义上的“真正的存在”概念，引入一种可从数学上严格界定的关于存在的结构性概念。

最后，爱丁顿在本书最后两章试图建立一种一般的哲学体系，并试图使这种哲学的一般观点既为科学家所接受，同时又不会产生任何内在矛盾。这种追求同怀特海试图把人类的经验、宗教、科学、美学和伦理等综合起来，以相对论和量子力学等现代科学理论为基础，建立一种一般的思辨哲学体系的努力，具有某种异曲同工之处。

在“知识的开端”一章里，爱丁顿从整体上考察了物理知识与人类经验的关系，他认为，如果科学要研究经验的合理的相互关系，科学哲学家的努力就必定会把这种合理的相互关系从有限的经验领域扩大到整个经验。他的任务是提供科学家在不抛弃其科学信念的同时所能接受的一般哲学。他认为，康德在相当程度上预言了我们现在由现代物理学的发展所被迫承认的各种观念。同时，逻辑实证主义也可作为主体选择论的重要参考。我们坚持各种物理量都是通过实证方式来界定的，但是又必须承认，关于共通感的知识才是可以自由传递的知识。物质世界的外在性源于如下事实：它是由存在于不同意识中的结构所构成的。承认有不同于我们自己的感觉和意识，这是物理学反对唯我论的主要原因。

在本书最后一章即“知识的综合”中，爱丁顿认为分析的概念只是一种思维形式。我们关于外部世界的知识有两个特征：部分地是主体性的，同时又是结构性的知识。知识是有价值的一种事物。比任何“思维形式”更为深刻的是，我们相信创造性活动比它所创造的事物更有意义。在理性时代，信念依然是至高无上的，因为理性乃是信念的颗粒之一。在知识的难题中，还隐藏着另一哲学难题——价值的难题。一个科学家应当在他的哲学中承认，为了对他的活动给予终极的证明，他有必要离开知识本身去寻求人性方面的努力。

目　　录

原作者序……………………………………………………… 1
第一章　科学认识论……………………………………………… 4
　第一节……………………………………………………… 4
　第二节……………………………………………………… 7
　第三节 …………………………………………………… 10
　第四节 …………………………………………………… 12
　第五节 …………………………………………………… 14
　第六节 …………………………………………………… 16
第二章　选择主体论 ………………………………………… 19
　第一节 …………………………………………………… 19
　第二节 …………………………………………………… 22
　第三节 …………………………………………………… 24
　第四节 …………………………………………………… 26
第三章　不可观察之物 ……………………………………… 31
　第一节 …………………………………………………… 31
　第二节 …………………………………………………… 34
　第三节 …………………………………………………… 36
　第四节 …………………………………………………… 43

第五节 …………………………………………………………… 46
第六节 …………………………………………………………… 48
第四章 认识论方法的范围 ……………………………………… 51
第一节 …………………………………………………………… 51
第二节 …………………………………………………………… 54
第三节 …………………………………………………………… 58
第四节 …………………………………………………………… 64
第五节 …………………………………………………………… 68
第五章 认识论与相对论 ………………………………………… 72
第一节 …………………………………………………………… 72
第二节 …………………………………………………………… 75
第三节 …………………………………………………………… 78
第四节 …………………………………………………………… 81
第五节 …………………………………………………………… 84
第六节 …………………………………………………………… 87
第六章 认识论和量子论 ………………………………………… 91
第一节 …………………………………………………………… 91
第二节 …………………………………………………………… 94
第三节 …………………………………………………………… 98
第四节 …………………………………………………………… 101
第五节 …………………………………………………………… 104
第七章 发现还是制造? ………………………………………… 108
第一节 …………………………………………………………… 108
第二节 …………………………………………………………… 111

第八章　关于分析的概念…………………………………………… 117
第一节………………………………………………………………… 117
第二节………………………………………………………………… 121
第三节………………………………………………………………… 125
第四节………………………………………………………………… 129
第五节………………………………………………………………… 132
第六节………………………………………………………………… 136
第九章　关于结构的概念…………………………………………… 140
第一节………………………………………………………………… 140
第二节………………………………………………………………… 143
第三节………………………………………………………………… 146
第四节………………………………………………………………… 149
第五节………………………………………………………………… 153
第十章　关于存在的概念…………………………………………… 157
第一节………………………………………………………………… 157
第二节………………………………………………………………… 160
第三节………………………………………………………………… 165
第四节………………………………………………………………… 170
第十一章　物理宇宙………………………………………………… 174
第一节………………………………………………………………… 174
第二节………………………………………………………………… 180
第三节………………………………………………………………… 183
第四节………………………………………………………………… 188
第十二章　知识的开端……………………………………………… 191

第一节……………………………………………………… 191
第二节……………………………………………………… 193
第三节……………………………………………………… 199
第四节……………………………………………………… 203
第十三章 知识的综合…………………………………… 206
第一节……………………………………………………… 206
第二节……………………………………………………… 208
第三节……………………………………………………… 212
第四节……………………………………………………… 216
第五节……………………………………………………… 221
第六节……………………………………………………… 226
索引………………………………………………………… 229

原 作 者 序

本书包含了我于1938年春季学期在剑桥大学三一学院所做的塔纳尔(Tarner)讲座讲演课程的主旨。这些讲演给我提供了机会,使我能比在我的早期著作中更加充分地发展那些同现代物理科学进步有关的哲学思想的原理。

经常有人说,根本不存在"科学哲学",只存在某些科学家的哲学。但是,就我们认可某种权威机构的意见,用它来决定什么是和什么不是当今的物理学而言,今日却存在着某种可以确定的科学哲学。这种科学哲学就是那些遵循已经被接受的科学实践的人通过他们的**实践**所坚持的哲学。它包含在他们推进科学的各种方法之中,而有时他们并未完全理解自己为什么会使用这些方法,并且包含在他们认为能给真理提供保证的方法中,而他们通常并未审查这种方法能提供何种保证。

如果宣称哲学具有科学的根据,并且宣称就其现状而言这种哲学是真正的哲学,这两种宣称之间不会发生冲突。但是,在这种专门著作中,主要的目标一定是确定和讨论上述意义上现有的物理科学的哲学,不管它是不是真正的哲学。在我们当中,那些相信物理科学的人尽管仍然在不断地失败和调整,却一直在慢慢地接近真理,他们满足于哲学的真理同样应当通过不断的进步而达到。

为了使我们的科学基础确定无疑，人们发现必须相当深入地进入相对论和量子理论的原理之中。由于这种意向不仅是为了揭示，而且是为了证明它们所导致的观点的合理性，本书的某些部分介绍了相当专业的困难问题。一般地说我尽量避免使用数学公式；然而，这并非完全出于对一般读者的考虑，而是因为那些头脑过于沉湎于数学公式的人，可能会错过我们在这里所寻求的东西。

本书中的讨论虽然与我十一年前撰写的《物质世界的本质》一书涉及同样的主题，本书中探讨的主要问题却与该书的侧重点不同。现在的探讨，出发点是**知识**。先前那本著作的标题可以扩展为《物理宇宙的本质及对物理知识性质的应用》；而现在这本著作的标题相应地应当是《物理知识的本质及对物理宇宙理论的应用》。强调重点发生这种变化是为了各种观念更符合逻辑的结果，但更主要的是为了反映物理科学本身发生的变化。这种变化的重大意义在于，《物质世界的本质》所开启的科学平台与日常平台之间的对比已经成为科学叙事与《科学的新道路》开头常见的经验叙事之间的对比。在我看来，第一个对比是根据1928年的科学观点而形成的自然的表达形式，而第二个对比则成为六年之后更自然的表达形式。

无论是上一年代的科学进步，还是这些年的反思，都没有改变我的一般哲学倾向。我声称“我的哲学”并非是在宣称那些在现代思想中广泛传播的观念是由我原创的，而是因为这种最终的选择和综合一定要由个人来负责。如果有必要给这种哲学取一个简短的名称，我或许会称之为“主体选择论”或者“建构主义”。前一个名称是指前八章中最明显的方面；后一名称则是指称在本书其他部分占主导地位的更为数学化的概念。这两方面现在都比《物质世界的性质》中走得更远，包含的内容更多。由于我们更好地理解了量子力学，主体性的领域得以扩展了；而由于物理学的基础与数学的群论之间的联系如今已经得到认可，结构的概念比以前更为精确了。

由于以这本《物理科学的哲学》为核心，我在最后两章全力以赴地发展了一种一般哲学观点的框架或梗概，这种观点是科学家可以接受的，同时又不会有任何内在矛盾。有些人认为，为了寻求真理，所有人类的经验方面都必须忽略；而有些人则继续在物理科学中寻求真理——我不是那些用前者来挽救后者的人中的一员，但是，我发现，包含着关于人类经验的更广泛意义的哲学与专门的物理科学的哲学之间并不和谐一致，即使后者同最近发展起来的某种其稳定性仍然有待检验的思想体系密切相关。

阿瑟·爱丁顿爵士

1939 年 4 月于剑桥

第一章　科学认识论

第一节

1　在物理学与哲学之间有一个有争议的领域，我称之为**科学认识论**。认识论是探讨知识的性质的哲学分支。不可否认，我们是通过物理科学方法来了解整个知识领域中一个重要部分的，这个部分采取的形式是对世界——所谓物理宇宙进行详细的描述。我把处理这部分知识的性质，并且因此间接地处理在形式上与之相关的物理宇宙的性质和状态的认识论分支称为“科学认识论”。

关于这个定义有两个重要问题一开始就需要阐述清楚。

有人把“知识”一词限定为我们相当确定的东西；另一些人则认为知识具有不同程度的不确定性。这是言语共有的模糊性之一，对此任何人都没有办法说明，一个作者只能声称他选择了使用哪一种用法而已。如果“知道”意味着“相当确定”，那么，这个术语对那些不希望自己武断的人来说几乎毫无用处。因此我宁愿选择那个比较宽泛的意义；并且我个人的使用承认不确定的知识。任何被作为知识的东西，即使我们确信其真理性，也仍然是被当作知识（不确定的或者错误的知识），即使我们对此并不确定。

我们没有必要明确地表达一个普遍的知识定义。我们的研究方法是，首先明确规定人们或多或少广泛接受的知识的特殊集合，然后再从认识论上对其性质进行研究。特别是我们必须考察通过物理学方法所获得的知识，尽管我们也不排除对其他知识的考察。为简便起见，我称这种知识为**物理知识**。我们大体上可以把物理学知识看作是某些大百科全书比如《物理学手册》上的内容，这些百科全书包罗万象，包括物理科学的各个分支。但是，有人明确反对盲目地接受某一特殊的权威；因此，我把物理学知识定义为思维正常的人[①]迄今所接受的、被物理科学证明为正确的知识。 2

不容忽视的是，物理知识包括科学教科书中未收入的大量各种各样的信息。例如，测量重量的结果就是物理知识，无论这样做的目的是为了决定一个科学问题，还是为了决定一位商人的账单数量。其获得通过的条件是(在思维正常的人看来)在科学性上是正确的，而不是在科学上是重要的。还应当注意到，使用这个术语的意图是为了包含以今天这个样子存在的物理科学。我们并不打算去推测物理学将来可能的发展前景，而只是准备评估物理科学的方法到目前为止所取得的成果，并且审视我们已经获取的知识是何种性质的知识。

我已经说过，我不认为“知识”一词包含着对真理的确证。但是，在考虑特殊的知识体系时，人们可能认为已经做出努力来承认这个体系只是更为可靠的知识；因此，通常会给知识赋予一定程度的确定性或可能性，对此我们还有机会加以讨论。但是，对知识的 3

① 诚然，“思维正常的人”是指称自我的一种谦和方式。

确定性的评价应当被看作是同知识性质的研究相分离的活动。

关于这个定义的另一个要点是“物理宇宙”一词。物理知识(现今所接受和明确表达出来的物理知识)的形式是描述世界,因而我们可以把物理宇宙定义为以这种方式所描述的世界。所以,实际上物理宇宙被定义为一种特殊的知识体系的主题,就像匹克威克先生可能被定义为一部特定小说中的主角一样。

这个定义的一大优点是对于物理宇宙——或者匹克威克先生——是否真的存在这个问题预先不做判断。这便给我们的讨论留下余地,即我们对“真的存在”的定义是否可以达成一致,大多数人对此只是鹦鹉学舌,并没有花费精力去思考其意义。而少数试图给它赋予明确定义的人并不总是能对其意义达成一致看法。通过对构成这一特定知识体系之主题的物理宇宙和物理客体进行界定,而不是对构成难以界定的具有某种存在属性的事物进行界定,我们就可以使物理学的基础摆脱形而上学污染的怀疑。

这样一种定义便具有认识论研究方法的特征,这种方法把知识当作出发点,而不是把我们以某种方法可以获得认知的存在实体当作出发点。但是,在科学地界定一个已经普遍使用的术语时,我们必须小心谨慎地避免滥用语言。为了证明上述物理宇宙的定义是正确的,我们应当表明这个定义同普通人(哲学家被我排除在这个术语之外)对物理宇宙的理解并不冲突。这个理由在后面第159页[①]有详细说明。

---

① 此处页码以及随后本书正文中所提到的页码,均是指原书页码,即本书的边码。——译者

第二节

物理知识的性质及其声称所描述的世界的性质长期以来一直 4 是不同的哲学学派相互争论的场所。但是，物理学家几乎不能否认他们需要对与他们关系如此密切的这个主题做出判断。物理科学的学者应当阐明他们使用的那些方法所取得的知识的性质。近年来，一些纯粹的科学家撰写了一些著作，其中提出一些科学认识论问题，并用它们来研究更广泛的哲学问题。我并不认为科学对哲学的这种“入侵”有何令人惊诧之处或者应当受到刻薄的评论。

人们通常会有这样一种印象，即科学家投身于哲学是一种创新，然而这个观点并非正确。我已经注意到，有些最近出版的著作大量地引用了19世纪科学家的观点，不管这些引用是否加强了作者的论证，至少表明了我们的先人所坚持的主要哲学观点以及他们的表述中都有某些共同的瑕疵。某些人的观点没有深度，直到现在仍然如此。但是，有些人是相当著名的思想家——克利福德(Clifford)、卡尔·皮尔森(Karl Pearson)、彭加勒(Poincaré)等等——他们的著作在科学哲学发展史上的地位备受赞誉。

然而，重要的是要认识到，大约二十五年前的物理学入侵哲学表现出一种不同的特点。在那个时候，大批科学家涌入哲学成为这些人的一种奢侈，他们的性情使他们转向这条道路。我没有找到任何迹象表明，皮尔森和彭加勒的科学研究在任何方面是由他们的特殊的哲学观点所激发的或者是由其所指导的。他们根本没有机会把他们的哲学付诸实践。相反，他们的哲学结论是由普遍

5 的科学训练所导致的，并且在任何程度上都不是依赖于同深奥的研究和理论的相似性。推进科学发展同对科学做出哲学概括，在本质上属于不同的活动。在这场新的运动中，科学认识论与科学更加密切地联系起来了。为了发展现代物质和放射性理论，必须有一种明确的认识论观点，并且这是最深远的科学发展的直接来源。

我们已经发现，这实际上有助于我们研究理解我们所寻求的那种知识的性质的知识。

通过实际地应用我们的认识论结论，我们有待于把它们作为物理假设运用到同样的观察控制方面。如果我们的认识论是错误的，由此而开始的科学发展就会陷于绝境。这会警示我们，我们的哲学洞察力还不够深刻，因而我们必须想方设法找到我们所忽略的东西。这样一来，由认识论洞见所导致的科学发展反过来又会启发我们的认识论洞见。在科学与科学认识论之间一直存在着这种给予和索取，双方都从中受益匪浅。

至少根据科学家的观点看，这种观察控制给现代科学认识论提供了一种安全保障，而这是哲学通常不能获得的。它还会引入同样的作为科学特征的进步性发展，而哲学迄今为止并没有这种特征。我们并不是要提出一系列关于终极真理的思想火花，它们可能会揭示这种终极真理，也可能不会。对于现在这种科学哲学体系我们所能宣称的是，它是在过去基础上的一种前进，并且它还是未来前进的基础。

在科学上观察检验是有价值的，这不仅是因为有控制性物理假设(对它而言实际只是有可能的保证)，而且是因为可以探测到论点中的谬误和没有保证的假定。正是由于后一种控制，观察检 6 验才可应用于科学认识论。在那些从来不会错误地推理的人来看，这似乎是多余的。但是，也许即使是最自信的哲学家也会承认，对他的有些对手来说这类控制是有益的。我毫不怀疑本书中的每一个哲学结论都曾由某一个哲学流派提出过——并且被其他哲学流派重点批判过。但是，对于那些把它们当作熟悉的老生常谈或者当作长期批判的谬误的人，我要指出它们现在被提出来是因为具有支持它们的新证据，这些证据应当加以考虑。

正如纯粹的数学家被迫成为逻辑学家一样，理论物理学家由于他们自己的主题的无可逃避的需求被迫成为认识论者。物理学侵入哲学的认识论分支恰似数学侵入哲学的逻辑分支一样。纯粹数学家通过经验知道明显的东西是难以证明的——并且并非总是对的——他们发现有必要探究他们自己的推理过程的根据；在这样做的过程中，他们发展出一种强有力的技巧，这种技巧一般地说受到逻辑进步的欢迎。一种同样必要的压力会引起物理学家进入认识论，而不是违背他们的意志。我们大多数人作为普通的科学人首先会讨厌对于事物性质的哲学探究。不论我们是否被说服物理客体的性质在常识看来非常明显，或者我们是否被说服它是不可思议的，超越了人的理解，我们都会倾向于把这种探究作为不切实际的和无效的探究而予以抛弃。但是，现代物理学能够坚持这种超然态度。有可能没有疑问的是，它的进步，虽然主要的是应用于科学认识论的有限领域，却有非常广阔的意义，并且能给整个哲学观点做出有效的贡献。

从形式上看，我们仍然可以在科学与科学认识论之间做出某 7

种区分,把科学看作是对知识**内容**的处理,而把科学认识论看作是对有关物理宇宙的知识**性质**的处理。但是,这已经不再是一种实际的划分;并且为了与现在的形势相一致,科学认识论应当包含在科学之中。我们不再争论它也必须包含在哲学之中了。这是哲学与物理学相重合的一个领域。

第三节

只要一位讨论哲学问题的科学家把自己限制在科学认识论范围内,他就没有超越他自己的主题界限。但是,大多数科学家都会感到他们能够有益地前进得更远,能考察那些新概念具有的普遍的哲学意义。这种冒险受到了强烈的批评;但是,在我看来这种批评不得要领,未切中要害。

据记载,阿奇毕晓普·戴维森(Archbishop Davison)在与爱因斯坦谈话时问他相对论将会对宗教产生何种影响。爱因斯坦回答说:"没有任何影响。相对论是一种纯粹的科学理论,对宗教没有任何影响。"在那个时期,人们不得不善于避开那些试图使人相信第四维是通向唯灵论之门的人,因而对这个话题干脆避而不谈并不令人吃惊。但是,有些人则引用这个评论,对之大加喝彩,仿佛这个评论是爱因斯坦最难忘记的话语,其实他们都忽视了这个评论中一个显而易见的谬误。自然选择是一个纯粹的科学理论。如果在达尔文主义早期,那时的戴维森若要问自然选择理论将会对宗教产生何种影响,其答案应当是"没有任何影响。达尔文的理论是一个纯粹的科学理论,对宗教不会有任何影响"吗?

把人类思想区分开来的隔断并非密不透风，因而在一个方面的根本性进步与其他方面并非毫不相关。开始于 20 世纪早期的理论物理学方面的巨大变化是纯粹的科学发展；但是它必定会影响人类思想的一般潮流，正像哥白尼和牛顿的理论体系在早年所发生的重大影响一样。这本身就似乎证明科学家对他们的工作采取广义的观点是正确的。在我看来，坚持认为应当把从关于物理宇宙的新概念中概括出这些更广泛意义的任务完全留给那些不理解它的人，完全是没有道理的。 8

就在不久以前，现在被称为物理学的学科那时还叫作“自然哲学”。物理学家天生地是在某个特殊方向具有专长的哲学家。但是，他并不是唯一的专业化的牺牲品。通过与物理学相分离，哲学的主要组成部分被割裂。在实际上，即使不是在理论上，学术性的哲学也成为专业性的了，并且与这种我们用来指引我们的道德和物质环境的思想与知识体系不再处于同一时空之中了。对人的最广义的哲学而言——对他的宗教血脉而言——自然哲学，以科学的名义，会继续充当强有力的也许甚至是主要的贡献者。指出学术性哲学中的任何发展将是困难的，而这种哲学随着科学的进化论的增长已经对人的观点产生了巨大影响。在最近的二十年间，物理学开始转向，重新主张自己是自然哲学；因此，我相信物理科学的这种新贡献，如果能充分地把握，其意义不亚于进化学说。

如果一位科学家撰写了有关现代物理理论的哲学成果的著述，那么我们就可以更加仔细地定义这个科学家的地位。我认为，9 任何派别的哲学家都不会准备把物理宇宙拱手相让，让物理学家按照自己的意愿为所欲为。因此，似乎可以达成共识的是，科学认识论仍然是哲学的整体的组成部分。任何研究现代物理学的认识论发展的人必定会因此而被看作是哲学所区分的那些部门之一中的专家——这个部门距离这个主题的核心并不远。在他们讨论作为整体的哲学时，他们可能会表现出一位门外汉专家的各种缺陷，但是，他们并不是普通的侵入者。在我看来，如果他们没有力求把哲学的其他方面与他们自己的部门中所取得的进步相互联系起来的话，专门化的各种不幸仍然会更多地表现出来。

我的这些讲演的主题是科学认识论。我们将主要地从科学方面对之予以考察。但是，我们也将会不时地努力在其普遍的背景中把它看作是物理学与哲学相重合的领域，并追溯其在这两个领域所造成的结果。

第四节

为了使物理科学的结论具有真理性，观察是最高的裁判庭。这并不是说我们自信地接受的每一项物理知识都实际地已经被这个法庭所确证；我们的信心在于，如果它能提交到这个法庭，就会被法庭所确认。但是，实际结果是每一项物理知识都是有可能被提交给法庭的一种形式。它必须是这个样子，因而我们能够详细说明（尽管可能是不能实际地完成）观察程序，这种观察程序将会决定它是否真实。显然，一个陈述除非是对观察结果的断定，否则，根本不能通过观察来检验。**因此，每一项物理知识必定是一种关于已经完成或将要完成某个特定观察程序的结果的断定。**

我认为，任何人——至少那些批评现代物理学发展趋势的人——都会同意科学认识论的第一个公理，即通过物理科学方法所获得的知识只局限于上述意义上的观察知识。我们不会否认那些不是观察性质的知识也可能会存在，例如，纯数学中的数论；并且我们也许没有义务允许其他形式的人类心灵的洞察力有可能会进入其自身以外的世界。但是，这种知识并不在物理科学的范围之内，并且因而并不会进入由物理知识的详细阐述所引入的世界的描述之中。对于物理知识只是其一部分的更大的知识综合而言，我们或许会同物理宇宙只是其一部分的“世界”相互关联。但是，在我们探究的这个阶段，我们只把讨论局限在物理知识方面，因而局限在根据定义所有不是物理知识的主体的特征都将被排除的物理宇宙方面。

人们通常会在观察知识和理论知识之间做出某种区分；但是实际上这些术语的使用非常随便，因而没有对所有真正的意义进行分类。整个物理科学的发展是把理论与观察相结合的过程；一般地说，每一项物理知识——或者至少是注意力通常关注的每一项物理知识——部分地具有观察基础，部分地具有理论根据。因此，就目前所能做出的区分而言，这种区分只是指获得知识的方式而已——是指就其真理而言的证据的性质而已。它并不关注知识本身——这正是我们试图确认的东西。因此，坚持所有物理知识都是观察性质的知识这样一个公理，就不能理解为排除了理论知识。我**知道**昨天晚上木星的位置，这是具有观察性质的知识；我们 11 可以详细地描述产生了那些量（正确的上升和倾斜）的观察过程，而这些量则表达了我对这个行星位置的知识。事实上，我并没有按照这个程序去做，我也不是从任何遵循这一程序的人那里知道了这个位置;我是从航海天文历中查到的。它给我提供的结果是根据行星理论计算出来的。现在的物理学接受这个理论及其所有结果;也就是说,它承认这种计算的结果是预先知道的结果,如果进行这种被认识到的观察程序,我们就会获得这些结果。在这两种知识中,即在作为数学计算之结果的知识和作为观察程序之结果的预见性知识中,后一种知识才是我宣称知道木星的位置时所坚持的。如果在提交给裁判法庭之后,证明了我对观察程序之结果的预见性知识是错误的,那我就必须承认我弄错了,我并不知道木星的位置。如果此时我坚持我关于数学计算结果的知识是正确的,那是毫无用处的。

这就是我们接受如下理论的本质所在,即我们同意消除由数学计算得到的知识和由现实观察得到的知识之间的区分。消除这种区分将会使所有物理知识在本质上都成为观察性的,这似乎是片面的。但是,即使最极端的理论崇拜者都不会提出相反的观点——因而在把观察性研究的结果当作值得信任的知识时,我们就把它们的地位提升为理论的结论。可以把这种片面性归之于我们把观察而不是理论当作最高裁判庭。

第五节

12 我们已经看到,每一项物理知识,不论产生于观察还是理论,还是产生于两者的结合,都坚持这种知识是进行了一项特别的观察程序之后才具有的结果或者将会具有的结果。一般而论,这是在坚持,如果进行了观察,就将会有这种结果;由于这个原因,把物理知识描述为假设－观察性知识更为精确。[①] 偶尔，假设的形式可能被终止——观察被进行并获得结果——但是这样应用知识的比例并不大，并且毫无兴趣。我并非否认现实的观察作为知识来源的重要性；但是，作为科学知识的成分，它几乎是可以忽略不计的。无论何时把观察归结为一种“修正”过程，实际实验的观察性知识都会被假设－观察性知识所取代，后者是根据更理想的条件所进行的实验结果。

例如，请考虑一下我们关于月球距离大约为 240,000 英里的知识。这个主张的精确意义必须根据对物理学和天文学距离定义的参照来确定（第五章）；但是，就现在的目的来说足够精确的是，我们坚持认为我们知道 240,000×1760 码尺可以从这里到达月球。这是假设－观察知识；因为确定无疑的是任何人都没有做过这个实验。确实，如果我们进行现实的观察，就会达到 240,000 英里这个数字；但是，除了理论我们并不知道作为结果的量就是这个月球距离。实际测量这个距离的方法有好多；最精确的方法之一包括在地球不同纬度上摆动钟摆之外的其他方法。虽然确定无疑的是坚持 240,000 英里是通过钟摆法等方法而进行的现实观察程序的结果，这却不是我们说月球的距离是 240,000 英里时试图坚持的观点。通过运用已经接受的理论，我们一直能给现实的观察程序替代一种假设－观察程序，这种程序如果得以运用，就可产生同样的结果。所获得的是假设－观察知识可以经过系统化与整合 13

① “假设-观察性知识”是指假设性的观察知识，而不是假设性的解释现实观察的结果的知识。

而成为一个整体,而现实的观察知识则是零散不堪的。

人们不免会有一丝疑虑,担心这种假设－观察知识不能完全满足逻辑的观点。如果不能满足全部条件,这种有条件的知识的地位到底是什么?如果我们知道某种过去没有发生过的事情确实发生了,并且此后某些其他事情还将会发生,那么,在这种情况下,我们这个陈述还有任何意义吗?尽管如此,我仍然禁不住要珍视我关于 240,000×1760 码尺**将会**从这里到达月球的知识,虽然我们根本不可能**会**实际地做到这一点。

第六节

对观察事实的科学研究会引导我们做出一些概括,我们把这些概括称为自然规律。概括是物理知识的假设－观察性质最明显的来源,因为它非常明显地超越了现实的观察,并会断定如果进行必要的程序,就会在任何情况下都会观察到某种东西。

我认为,有时我们会坚持自然规律是知识的系统化,而不是对知识的概括。理想地说,我们有可能接受现存观察知识的系统化,14 不必预先判断任何未来的观察是否会与这个系统相一致。对于一位坚持这个观点的人来说,每次看到一个新的观察遵循这个规律时,他都会相当惊讶。例如,博德(Bode)的行星距离规律可以被看作是关于他那个时代已知的六大行星距离的系统化陈述,并且不指望能适用于随后发现的行星。对于已被阐明的具体规律来说,也许这是应当采取的正确态度,但是这确实不能普遍地应用于整个物理学。我们千万不要想当然地认为博德的系统化会继续在普遍化所净化的物理学中也是可能的。除非我们接受某些先前的概括，例如光以直线传播，否则，就不能确定行星的距离。事实是由观察得来的概括，不管是有意的还是无意的，从一开始在物理科学中就是这么做的；我们必须把概括与观察本身一样看作是科学方法的一部分。而且由于这些概括，假设－观察要素便进入一组科学知识之中，被承认有权继续存在。

我们的主要结论是，尽管具有这种方法上的差异，物理知识就其性质而言仍然是同质的；如果观察程序得以进行，它就是关于什么是这种观察程序的结果的知识，包括作为一种特别情形的已得以完成的任何观察程序的结果的知识。

在物理学的进步中，个别事实在很大程度上已融入这些普遍性的概括之中。如果我们说，整个物理学知识在总体上是由这样的概括构成的，这样说是正确的吗？根据我们所说的物理学是狭义的（包括化学，但不包括天文学或其他观察性的科学，以区别于实验性的科学），还是广义的，答案会有所不同。在我看来，从狭义上说，物理学只是关于普遍性概括的科学。物理学家对特殊的事实不感兴趣，除非这些事实能作为概括的材料。如果他研究一个特殊的铁块，这个铁块就是表现铁的普遍属性的样本。另一方面，天文学家**就是**对我们碰巧生活于其上的一块特殊物质感兴趣，不管它是否是普遍意义上的行星的样本。他对火星上存在的植被好奇，当下一颗明亮的彗星将要出现时，一颗较小的行星会多么的接近地球，如此等等。也许可以说，这不过是一位爱好者的兴趣，头脑更为严肃的物理学家对此已经不再考虑了；天文学家当然必定会确定地球的常数，正如物理学家必定会确定他的检流计的常数一样，但是，他没有权力对它们感兴趣。天文学家几乎不会达到一致；但是对此我们暂且不再深究。这就足以使我们可以说，这些特殊事实是通过物理科学的方法而获得的知识，在科学认识论上绝对不能忽略这种知识，这种认识论已经被我们界定为是以这种方式对我们所获得的知识的性质的研究；同时，这些事实在这种知识构成对其一种描述的宇宙中也是不可忽略的。

因此，我们一定要记住，并非关于物理宇宙的所有知识都是由关于自然规律的知识所构成的。这种警示并不像它表面上看起来的那样是多余的。我经常发现有这样一种印象，即通过解释可以把自然规律整体上的主体性消除，如同通过解释可以从整体上消除物理宇宙的主体性一样——这种观点是完全没有事实根据的。

第二章　选择主体论

第一节

我们且假定有一位研究海洋生命的鱼类学家，在海里撒下一 16 张网，捞起一些鱼类似的生物。为研究打捞上来的东西，他以科学家通常采用的方式对显现的现象进行系统总结，做出两个概括：

(1)任何海洋生物都不会短于 2 英寸。

(2)所有海洋生物都有腮。

这两个概括对他打捞上来的东西而言都是对的，并且他有意识地假定，不管他如何经常地重复打捞，这些概括都会是正确的。

应用这个类比，打捞活动可代表构成物理科学的一组知识，渔网可代表我们用来获得这类知识的感觉器官和理智器官。抛撒渔网对应于观察；观察没有获得的或者不能获得的知识不允许进入物理科学之中。

一位旁观者也许会持有异议，认为第一个概括是错误的。“有许多海洋生物不够 2 英寸，这只是因为你的网不适合捕捉到这些生物而已。”这位鱼类学家会立刻排除这个反对意见。“任何不能被我的网捕捉到的东西根据事实本身都不在鱼类学家的知识范围之内，因而都不是被界定为鱼类学知识的主题的鱼类王国的一部分。简而言之，凡是不能被我的渔网捕捉到的都不是鱼。”或者换一个类比说，“如果你不是仅仅在猜想，你就是在宣称以某种不同于物理科学方法的其他方法所发现的有关物理宇宙的知识。你是一位形而上学家。呸！”

17 争议由此而生，正像其他许多争议一样，争议是因为各自谈论的事物不同而引起的。那位旁观者头脑里有一种客观的鱼类王国。那个鱼类学家关心的不是他所谈论的这些鱼是否能构成一个客体性的或者主体性的类别；对他来说，具有重要意义的属性是这些鱼能被他捕捉到。就其所谈论的那一类生物来说，他的概括是完全正确的——也许这是他专门选择的一类鱼，但是，他对关于任何其他类别的鱼做出概括没有兴趣。放弃类比，如果我们把观察当作物理科学的基础，并坚持物理科学的论断一定是可以通过观察来确证的话，那么，我们就是在给所承认的物理知识强加一种选择性的检验。这种选择是主体性的，因为它依赖于我们来用作为获得观察知识之手段的感觉器官和理智器官。正是对于这种主体选择的知识，以及对于这种描述所要阐述的宇宙，物理学的各种概括即所谓的自然规律才是适用的。

只因近年来物理学中认识论方法的发展，我们才逐渐明白对其重要主题的这种主体性选择所具有的深远影响。我们起初像那位旁观者一样可能倾向于认为物理学迷失了方向，因而没有达到我们想当然地试图描述的纯粹的客观世界。物理学的各种概括如果包含客观世界，通过这种选择就会或者可能会成为荒谬的。但是，这相当于判定以观察为基础的科学是失败的，因为观察达不到纯粹的客观世界。

显然，物理科学要放弃观察方法是成问题的。以观察为基础的科学根本不会失败，虽然我们也许会错误地理解其成功的精确性质。凡是那些不满足于除纯粹客观宇宙以外的任何东西的人，都可能会转向形而上学家。形而上学家不受自我强加的律令的束缚，因而每一种论断都必须能呈现给作为最终裁判法庭的观察。但是，我们作为物理学家将会继续研究由观察所显现的这个宇宙，并对之做出我们的概括，虽然我们如今知道这样达到的宇宙不可能完全是客观的。诚然，大多数不关注认识论的物理学家在任何情况下都仍然会这样做。

18

那么，我们是否应当忽略旁观者关于选择的建议呢？我并不这样认为；虽然我们不能接受他的补救办法。假定一位更加机智的旁观者提出一个非常不同的建议："我明白在你拒绝我们的朋友关于不能捕捞的鱼的假设时，你是对的，这不能由任何你和我认为是有效的检验方法来确证。通过保持你自己的研究方法，你达到了对最高重要性的概括——对鱼贩来说，他对不能捕捞的鱼的概括不会有兴趣。由于这些概括十分重要，我将会帮助你。你会根据检验鱼的传统方法做出你的概括。我可以指出，通过检验渔网和使用渔网的方法，你能更容易地达到同样的概括吗？"

第一位旁观者是一个形而上学家，他因为物理学的局限而鄙视物理学；第二位旁观者是一个认识论者，他因为物理学有局限而要帮助物理学家。正是由于物理学的这种有限的目的——有人可能会说这种目的是反常的——这种帮助才是可能的。通过对观察所提供的材料进行系统考察这样一种传统方法并不是达到物理科学所重视的那些概括的唯一方法。在这些概括中,至少有一些概括通过考察观察中使用的感觉和理智器官也能发现。因此,认识论给物理学提供了一种达到其目的的新方法。相对论和量子理论的发展从经验转向理性的理论是这种新方法所产生的结果,并且这里正是我们进一步取得根本性进步的重大希望之所在。

19

第二节

现在,我们回过头来再讨论鱼的例子,以说明另一个重大意义。对第二个概括——所有海洋生物都有腮——无人提出任何建议,但是就我们所知,通过考察渔网及其使用方式,这个结论是推不出来的。如果那位鱼类学家扩展其自己的研究,继续进行捕捞,他也许会在哪一天在不同的水域捕到一种没有腮的海洋生物,因而会推翻他的第二个概括。如果发生了这种情况,他自然就会开始怀疑他的第一个概括是否可靠。然而,他的担忧毫无必要,因为他的渔网绝对不可能捕捞到任何不适合其捕捞的东西。

认识论上能够达到的概括必定会遭到那些只能在经验上达到的概括的否定。

长期以来,科学哲学习惯于认为自然规律没有强制性;它们是一些齐一性,人们可以发现它们迄今为止只是出现在我们的有限经验之中,但是我们没有权利断定它们会必然地和普遍地出现。这是一种非常恰当的哲学,可以把它当作一种关于经验的普遍性的哲学——当然,可以理解为任何人都不会愚蠢到把这种哲学应用于实践。科学家由于自己的哲学而确信他们没有权利期望,因而他们继续怀抱着这些站不住脚的期望，并且把他们的观察解释为与它们相符合。概率论做出一些努力，试图证明我们的如下期望：如果一种现象（其原因是未知的）迄今为止一直有规则地出现，那么它就会在下一个场合继续发生；但是，我认为所有那些已出现的东西都是对我们的期望的分析和公理化，而不是对它的辩护。

一旦我们认识到某些自然规律可能具有认识论的来源，情形就会发生改变。这些是不可摆脱的；并且一旦确立它们的认识论来源，我们就有权期望它们不可避免地和普遍地得到遵守。观察的过程，作为观察的结果，不依赖于时间或者地点。 20

但是，这也许会遭到反驳，即我们能保证观察的过程[①]不受时间或者地点影响吗？严格地说，不能。但是如果受到影响——如果时间和空间或者任何其他环境中的位置阻碍了观察程序，使其不能根据已经认识到的具体情形而精确地进行——我们可以（并且必须）称这种导致结果的观察是一种“坏的观察”。那些讨厌科学规律的强制性的人可能会由于下列让步而变得态度缓和一些：虽然科学哲学不可能再把自然规律是非强制性的接受为一个原则，我们的现实观察是否会满足它们却并没有任何强制性，因为（遗憾的是）我们的观察将是好的观察，这并没有任何强制性。

如果自然规律没有认识论的来源，因而就我们所知没有强制

---

① 观察方法的标准说明书或要求必须足以详尽，以便保证观察只有唯一的结果。观察者的责任是能够保证那些可能影响观察结果的所有相关情境要素，如温度、没有磁场等，都要与这种标准的要求相一致。支配着观察结果的认识论规律要求只能唯一地根据这种方法已经得到具体实施来推论。在这一段中所提到的偶然性可以通过下列事实表现出来，即在强磁场中不可能对长度做出真正“良好的”观察，因为决定长度的方法的标准规格要求我们消除磁场（边码第80页）。

21 性，那么这些自然规律会怎么样呢？它们一定会继续玷污这个作为无辩护余地的期望源泉的体系(虽然如此，它们仍可在实践中所完成的东西中发现)吗？在为它们担忧之前，最好是等待一下，看一看那些被算作认识论的内容被消除以后，自然规律的体系中还剩下一些什么。也许对剩下来的东西都不必担忧。

在现代物理理论中，认识论分析的引入不仅是科学进步的强有力源泉，而且给科学结论提供了新的保障。或者毋宁说，它在所达到的范围内提供了新的保障。现在这些结论是否有保证仍然是人类的可错性问题，认识论者同经典理论家或者实践观察家一样，同样不能回避这个问题。尽管没有忘记取得的实际结果仍然必须依赖于那些使用这种器官的人的洞见和准确性，我将要强调，我们现在的器官能把理论物理学建立在一个比以前渴望的更有保证的基础之上。

第三节

谁来观察观察者？答案是——认识论者。他观察这些观察者真正地观察到了哪些东西，这些东西经常地同他们说自己观察到了哪些东西是非常不同的。他审查他们的观察方法及其在工作中运用的器官本质上有哪些局限，并且在这样做时，他逐渐地事先意识到这些器官所获得的结果将会相应地具有哪些局限。另一方面，观察者只有在审视这些器官的结果时，才会发现这些局限，而由于他们没有意识到这些结果的主体性来源，还会把它们当作自然规律而欢呼雀跃。

也许可以争辩说，尽管接受了认识论的帮助，物理科学总体上仍然来自于从观察做出的推论，因为认识论者也是观察者。天文学家观察恒星，认识论者观察观察者。两者寻求的都是以观察为基础的知识。

22

非常遗憾的是，我必须通过拒绝这种传统观点的怯懦来为观察主义者辩护。但是，观察恒星与观察观察者的类比未必有效。认为物理科学以观察为基础及其概括是关于观察材料的概括，这种常见陈述并非完全是真理。物理科学以良好的观察为基础，并且它的概括是关于良好观察材料的概括。因此，科学认识论作为关于物理科学获得的知识的性质的学问，必须审视好的观察程序。与观察良好的观察者的认识论者最恰当的同类人，是观察良好的恒星的天文学家。

这种作为“良好的”观察的性质——它是实践中需要努力做到的首要一点——在哲学中似乎常常被忽略了。在谈论观察时，人们通常没有区分物理科学中精心设计的特别观察活动与任意的“注意”。这种区分是非常有选择性的；它表明了一种方式，即我们所指的主体性选择用来引入物理学所描述的那个宇宙的方式。如果天文学家同样允许区分好的恒星和坏的恒星，那么，天文学毫无疑问地就会因一些著名的新规律而得以丰富——当然只能适用于遵循如此描述的规律的好的恒星。

不论观察是好还是坏，都要依赖于其声称所要表现的东西。硫黄的坏的熔点的规定也许是硫黄与尘土混合物的熔点的极好规定。描述观察所使用的术语——陈述它是什么样的观察——根据它们的定义包含着进行观察必须遵循的标准程序；观察者声称遵

23

循着这个程序，或者遵循着他有自由替代它并相信有保证达到同样结果的程序。如果由于疏忽大意或者实践中的困难，所描述的这种程序的条件没有实现，那么这种观察就是坏的观察，这个例子中的观察者就是坏的观察者。同样，根据物理科学的观点，如果他认为他的方法可以替代标准的程序是错的，那么他就是坏的观察者；虽然在这个案例中，他会把责任归咎于给他提供错误建议的理论家。

因此，认识论者一定会研究观察者，把观察者当作有机体，他们的行动一定要根据经验来确定，其方法与自然学家研究动物的习惯相同。他必须挑选出那些好的观察者——其行为遵循传统程序计划的人。认识论者必须达到的就是这个计划。没有这个计划，他就不知道应当研究哪些观察者，忽略哪些观察者；而有了这个计划，他就不需要现实地观察那些好的观察者，他知道他们只得遵循这个计划的指令，因为他们否则就不再是好的观察者了。

这个计划在观察者头脑中必定在寻求，或者在那些他从中获得其指令的人的头脑中必定在寻求。认识论者只是在他观察头脑中的东西时才是一个观察者。但是，对于我们在任何人的头脑里发现一个获得的计划来说，这种描述是迂腐的。通过倾听观察者自己对这个计划的说明和拷问，我们便可知道观察者的计划。

第四节

24 我们可以区分两种知识，一种是关于物理宇宙的知识，这种知识产生于对作为后验知识的观察结果的研究；一种是认识论的知识，这种知识产生于对作为先验知识的观察方法的研究。

一个评论者可以做出这样的经验概括，即某座房子里的每一件物品，其价值都不超过 6 便士；通过注意到房主是用伍尔沃斯牌的家具来布置房间的，他也可先验地做出同样的概括。这位观察者被要求给科学大厦提供家具。先验论者通过观察其获得家具的方法可能会预期到后验论者通过审视这些家具所达到的某些结论。

我认为，我在这里使用的术语“先验的知识”，具有其被认可的意义——这种知识是我们先于对物理宇宙的实际观察而具有的知识。不管如何，认识论知识都非常类似于先验的知识，同样会引起传统学派的物理学家的反对。先验知识在科学中具有声名狼藉的联想；我不打算试图对名称说些模棱两可的话来隐瞒这种家族相似。

坦率地说，认识论知识或者先验知识先于实际观察，但是它并不先于提出观察计划。作为物理知识，必然地要断定想象中所要进行的观察的各种结果。对于是否能把物理知识看作独立于观察经验，在我看来，我们必须回答说不能这样看。一个人如果没有任何观察经验，并且没有对于观察经验的直接知识，而这种知识通过他与同行交流是可能获得的，那么，他就不可能给认识论知识用来表达的术语赋予意义，就像他不可能给其他物理知识赋予意义一样；不可能把意义给予任何对他来说会有意义的其他形式。 25

因此，我们必须承认，从认识论思考推论出的自然规律包含着先前的观察经验。但是必须强调，自然规律与组成这种先前经验的观察之间的关系与它同支配自身的各种观察之间的关系是完全不同的。一位陌生人来到我们的大学,观察到半夜之前本科生在其学院之内,那么,他就可能会认为他发现了人的本质的规律——在这些本科生的本质中,有某种东西迫使他们在十二点之前寻求学院墙壁的保护。我们必须使他明白,并指出这个规律具有相当不同的来源——学校当局。那么,他应当做出结论说,这个规律完全与本科生的本质无关吗?并非必然如此。仔细研究将会显示,这条规律取决于本科生很久以前的经验。我们不能说这条"十二点规则"并不以本科生的本质为根据;但是,它并不是以那位陌生人所假定的那种方式为根据的。

在物理科学中,各种先验的结论早已臭名昭著,令人不齿;我们一定可以料到那些坚持传统的人会反对这些先验结论。人们接受的科学原则是,我们对宇宙不可能有先验的知识。大家一致认为,我们已经假定"宇宙"在此是指"客观的宇宙",在形成这一原则时,这种观点毫无疑问是得到一致认可的。但是,当应用于由物理知识的主题而不是由其内在特征[①]所界定的宇宙时,这个原则就自我抵消了。假如我们对宇宙不可能有先验的知识,我们就不能对它是客观的有先验的知识;因此,我们对于"我们不能对它有先验的知识"就不可能有先验的知识。

26

由于发现物理科学所描述的宇宙部分地是主体性的,证明了重新引入先验的物理知识是有正当理由的。历史地看,这个论证是另辟蹊径。人们发现,某些知识可以通过先验的方法来获得;无

---

① 当我们界定一个事物时,我们会先验地认为它具有该定义中特有的特征。这个原则显然一定可以被理解为除这个先验知识以外。

疑，这就是关于物理学的宇宙的知识，因为物理学家所要寻求的正是这种知识，并且在某些情形下，他们是通过通常的后验方法发现这种知识的。但是，应当承认，如果与它相互关联的宇宙完全是客观的，这种先验知识将是不可能的。这使我们开始了一个探究，根据这个探究，我们能够追溯主体性要素如何进入物理学的宇宙之中的方式。

我们在这里所达到的哲学观点似乎可以恰当地叫作**选择主体论**。对于这里的“选择”应当加以广义的理解。我不希望断定对于所获得的知识的观察程序的影响被限定为简单的选择，就像通过一张网来选择一样。但是，这个术语将会提醒我们，主体和客体能以不同于简单相加方式的其他方式相结合。在数学中，这样一种最一般的结合是算符与运算对象的结合，可选择的算符是一种特殊情形。

选择意味着可以用来做出选择的某个事物。似乎可以做出这样的结论：使选择得以进行的材料是客观的。唯一可以满足我们的方法就是仔细地检验主体性通过观察程序而进入物理知识的各种方式。据我所知，选择或者各种运算从数学上看在整个可能性领域都非常接近于这种方法；也就是说，整个主体性都是由具有选择性的运算所组成的。这种主体性因受算符所限定，最终的运算对象必定没有主体性。 27

我认为，我们没有任何理由怀疑前面的论证，但是，这取决于我对结论不能保证的警觉性审视。“客体的”本质上是知识的否定性特征(非主体性的)，虽然我们把它看作是知识所指谓的那种事物的肯定性特征；而且要证明否定的而不是肯定的结论总是更加困难。我接受物理知识中的客体性要素建立在我认为非常合理的坚实基础之上的观点,但是,对于很容易证明的主体性要素,我却没有同样的确信。

作为一种现代科学哲学,选择主体论同贝克莱的主观主义毫无关系。如果我的理解不错的话,贝克莱的主观主义否认外部世界的客观性。根据我们的观点,物理宇宙既非全都是主体性的,也非全都是客体性的——也不是主体性和客体性的实体或属性的简单混合。

第三章　不可观察之物

第一节

就其不同于19世纪的经典物理学观念而言，现代物理学的根 28 本观念包含在两种综合性的理论——相对论和量子理论之中。相对论达到了两个阶段，即爱因斯坦在1905年提出的狭义相对论和在1915年提出的广义相对论；此外还有韦尔（Weyl）在1918年提出的规范相对论[1]，这个理论如今是相对性概念的基本组成部分。量子理论是由普朗克（Planck）于1901年在一篇论文中提出的，因而在这两个理论中量子理论属于较早提出来的理论，但是它离成熟还相差甚远。相对论从一开始就同一种新的哲学观相联系，而量子理论则直到1925年除了令人迷惑不解以外对哲学毫无贡献。海森堡（Heisenberg）在1925年提出一种非常重要的新观念，并且在随后一两年内通过一些人的帮助，使这种理论达到了其现在的形式，一般地说叫作“波动力学”。它不再完全是一种经验魔法的

---

[1] 规范论（gauge theory）是物理学上试图确立引力、电磁力、强力和弱力之间相互关系的一种理论。——译者

集合，并且虽然依旧相当地模糊不清，却包含着某些内在一致的思想路线，这种思想路线包含的哲学意义，其重要性不亚于相对论的意义。

这两种物理学的主题被人们大致地区分为微观物理学和摩尔物理学，微观物理学研究原子尺度的系统，而摩尔物理学则研究我们的一般感官可以感知到的那个尺度的系统，这些系统是由大量微观成分构成的。一般而言，我们会说相对论适用于摩尔系统，而 29 量子理论适用于微观系统。这并不是说自然界本身是相分离的。在接受相对论原理或量子原理时，我们对它们的接受是为整个物理学所接受的；但是，它们可能对一个分支的实际应用要比另一分支更为直接。量子的"不确定性原理"对摩尔系统来说根据假定也是有效的；但是，要形成一个摩尔系统样本，使其中的不确定性可以被检测到，这是困难的。"狭义相对性原理"，由于断定最初等同于与不同速率相对应的时间框架，在微观物理学中也是有效的；但是，它不能直接应用于原子内部或原子核内部，因为作为内部结构的参照物，原子或原子核中的时间系统在整体上处于运动之中，它不同于处于静止状态的系统。相对论和量子原理在整个物理学中都是有效的；但是，通常认为构成相对论和量子理论的定理和公式集合，则分别非常紧密地隶属于摩尔物理学和微观物理学的区分。

物理学的微观（量子）规律和摩尔规律之间的关系是由尼尔斯·玻尔（Niels Bohr）在其"对应原理"一文中阐述清楚的。摩尔规律是在所考察的粒子数量或量子数量非常巨大时微观规律所收敛的简化形式。这意味着理想地说微观规律本身就足以涵盖整个物理学领域，摩尔规律只是把这些规律改编为方便的具体形式而已,但是这经常会出问题。因此,我们不得不经常地处理数量巨大的粒子集合体,因而以压缩形式宣称应用于这种系统的那些微观规律的结果是有用的,在允许平均数时便可利用这种简化形式。摩尔规律便是微观规律的压缩和简化版本。

因此,根据表现的逻辑程序,微观规律应当先于摩尔规律。但是,实际经验表现出来的问题恰恰相反,因为我们的感官本身属于摩尔系统中的存在。因此,科学研究首先发现的是摩尔规律;并且这些已经在相对论中形成一个完整的逻辑体系。微观理论内在地更为困难,其开端稍晚一些;更为重要的与量子理论有关的现象在1900年之前几乎不为人知。在当前这个时代对物理知识的观察中,不可能不给摩尔规律一个偶然的显著位置(从假设上看它并不占显著地位),因为我们熟知完整的摩尔规律体系,但是,我们仍然艰难地力求完善部分地显现出来的微观规律体系。 30

普通民众进行的心理学研究并不是一种令人满意的人类心灵理论的基础。物理学的摩尔规律或者民众规律同样会令人不满地引入个体的或者原子化的行为理论。因此,一旦我们似乎达到了对摩尔规律的自然方式的理解,一种崭新的自然方式概念就会出现在微观规律之中。我马上要说,个体的与民众的类比是不完善的。我们的进步所具有的有趣特征之一是,我们已经发现这种类比是不完善的。这是因为在物理学中,个体粒子或者存在概念要比古老的原子论理解的概念更加难以捉摸不定。但是依然真实的是,大多数对恰当地理解物理宇宙至关重要的东西都是通过我们的肉体感官过于平稳的效果不能观察到的;而恰恰那种自然规律模式已被证明为不同于根据我们对它在其有限形式面对大量存在时的第一印象所形成的概念。

第二节

31 我们经常谈到"相对性原理";但是,我们却难以找到关于这个原理的严格而权威的阐述。我曾经发表了三篇相当长的论文阐述相对性,但是,如果我的记忆不欺骗我的话,这些论文都没有试图对一般的相对性原理给出定义。[①] 我认为其他人也会持同样的谨慎态度。就我来说,我把相对性看作一种其结论必须逐渐地展示其自身的新世界观,而不是看作应当一劳永逸地转变为确定公式的特殊公理或假设。

阐述相对性最合适的方式也许是这样一种陈述,即我们只能观察到物理实体之间的**关系**。这要求一定量的批判性说明,对此我现在暂不做详细阐述。因为如我所说,我宁愿把相对性等同于能导致这一结论的世界观。我将会强调这样一个问题:"我们究竟观察到了什么?"而不会强调答案"我们只能观察到物理实体之间的关系"。因为我们一旦追问这个问题,物理学的经典体系就会像气泡一样被戳破;并且我们是沿着进化之路前进的,也许这条道路的终点或目的地还尚未进入我们的视野。在最近三十年,作为进化的连续性,描述理论物理学的状态是常见的;但是,这完全是由这个简单问题所开启的进化运动。海森堡在 1925 年重复了这个问题:"我们在一个原子中究竟观察到了什么?"结果,新的量子力

① 这个"特殊"原理是一个相对简单的观念。

学应运而生。

我们的第一个认识论结论是，物理知识是观察性质的知识，意思是指每一项这样的知识都断定了一种观察结果，或者是现实的或者是假设的。显然，下一步必须要探究“观察”这个术语精确地说是由什么构成的。观察者的观察者——认识论者——必须着手 32 去努力发现什么样的观察确实能使我们确信。在提出“我们究竟观察到了什么”这个问题时，相对论呼唤认识论来帮助科学。

这个第二步是非常综合性的，因而必须分阶段进行。在每个阶段，我们只能达到部分的真理；但是，仿效科学的方式，我们更关注于欣赏和发展这种包含部分真理性的真理向我们显露的新洞见，而不是盲目地竭尽全力去追求最终答案。迄今为止，进步一直在持续不断地进行，而在具体地确定实际观察到什么方面则收获不大，正像在消除确定地不能观察到什么和什么是不可观察的方面收获不大一样。因此，在这一章，我们将要特别地考察如下发现所造成的情形，即在相对论物理学出现之前，某些量显然是“不可观察的”。

正如侦探小说作家喜欢指出的那样，最著名的是难以从证据中抽取实际的证据事实；他禁不住要以自己的假象把它们掩盖起来。粗糙和现成推理的习惯通过本能或者教育而被我们接受；“纯粹的科学人”在不得不宣称他观察到什么时，通常会把他观察到的事实与粗陋且不可靠的推理相混合，正像任何其他证据一样。相对论第一次严肃认真地力求坚持处理事实本身。以前，科学家们往往声称他们非常尊敬“严格的观察事实”，然而他们并未表现出要确定这些事实是什么。

我们可以把物理学家区分为三类——相对论物理学家、量子物理学家和实验物理学家,其中,相对论物理学家关注研究严格的观察事实;量子物理学家尽其所能遵循同样的原则,但由于其研究对象更复杂和更遥远,他构建一种仅仅包含可观察事实的理论的目的是为了表现他的理想,而不是其成就的展示。至于实验物理学家,我只能说,因为一个人工作在实验室,就不能推论说他是一位不可救药的形而上学家。

第三节

我对不可观察之物的讨论将通过如下方式来进行:我要求诸位回忆一下如何探究纯粹的不可见之物,这对物理知识会有重大影响,或许还会产生意义深远的结果。狭义相对论的根据以及物理学的现代进化论的开端达到这样一种认识,即"以太的速率"是观察不到的。如果我们说月球的距离是240,000英里,我们实际上是在宣称,如果进行一种观察程序,就会导致这样一种结果。但是,如果我们说在某一个区域以太的速率相对于地球是每秒80公里,我们并不是在宣称任何实际的或者假设的观察程序的结果。

且让我首先消除一种常见的错误理解。我并不是指实验物理学家的独创性不足以设计一种观察程序来测量以太的速率。设计观察程序来最终检验科学论断的真理性,这从来不是实验者的任务,而一定是这个论断本身关于其中所使用的那些术语的定义中明显表示出来的;否则,就不可能提交给裁判庭,并且不可能被作为一项物理知识。通常,哪里要求实验者具有独创性,哪里就会设计一个与这一论断所参照的程序相同却更为实用的程序。有一个发现曾经是狭义相对论的根据，这个发现就是断言以太具有每秒80公里的相对速率，但经过仔细审查之后，证明这个断言根本不能具体地说明任何观察程序。[①] 这里不需要实验者的独创性，因为不可能要求他设计一个从未得到详细说明的实用程序。 34

如果我们对以太速率定义中的逻辑矛盾视而不见，那么就有可能把其不可观察性看作通常的物理假设，就像它已经有可能检验其结果一样由观察所提出并且由观察来确认。因为以太不是物质，我们不能先验地假定物质通常所具有的属性——密度、硬度、动量等等——也是以太的属性。因此，有待检验的假设是这种速率不是以太的属性之一，虽然速率是众所周知的物质属性。以这种方式来看，它就不再是一个可以先验地预见的真理了；这就可以后验地从为探测到所期望的结果而设计的无结果的实验中推导出一种结果，仿佛这里存在着具有那种结构的发光以太，速率可以归结于这种以太——这个结论令人有点儿吃惊，但显然是有可能的。

这种态度在那些不喜欢与物理学的新发展相联系而进行认识论研究的人中是很流行的。对于人们不想理解的论证，要想阻止它很容易，可以这样说："我对你的理由不感兴趣，但是我非常愿意尝试你根据由观察检验过的假设达到的任何结论。因此，如果这个假设已得到确证，它就会与其他已得到确证的物理学假设属于同一行列，因而我们不需要你的论证。"通过这种捷径，对这

---

① 建立在如下理解基础之上："以太"所指的是麦克斯韦的电磁以太，被界定为具有可由麦克斯韦方程说明的属性。

个主题的思考就不再很难了;我们可以立刻径直开始数学推论,根据观察检验的观点推导出这个假设的各种结果。这样一来,新酒装入旧瓶之中。虽然不会使旧瓶子爆炸,然而新酒令人陶醉的香味却会失掉一大半——我的对手可能会说,这些新酒不再令人兴奋了。

我们可以再体验一下新酒的鲜活性。不管是通过逻辑审查还是通过实验检验,我们至少可以看到,如果一个不可观察之物伪装成经典物理学体系中的可观察之物,那么,对于这个不可观察之物的检验,以及从这个检验中获得的各种重要结果,应当紧随其后再对其他冒充者进行系统研究。人们已经发现了另外一些冒充者——在每一种情形下其结果都有深远意义。最著名的是海森堡的发现,即精确的位置与精确的速率是不可能同时观察到的;这一发现构成了著名的"不确定性原理"。

再举一个例子,十年前有人指出,当我们处理诸如电子这样的粒子时,我们不可能在观察上把它们彼此区分开来,通常一个粒子相对于另一粒子的坐标 $\xi=x_2-x_1$ 而言是不可观察的;在这种情况下,可观察的是一种先前的分析中所不熟悉的量,即"没有表示出来的坐标"$\eta=+\xi$。直到目前,量子物理学家对这个骗局都选择了视而不见;现代的教科书仍然坚持这种错误的理论,即在一个体系中包含有两种这样的粒子,并假定可观察的东西是 ξ。因此,向他们敞开的十分需要的进步大门被他们错过了。

我之所以提到最后这个例子,是因为在这个清晰的案例中,不可观察性不是一个物理假设问题,而是一个认识论原理问题。为简便起见,请考虑只有一个维度譬如东和西的粒子。如果我们有一个绿球和一个红球,我们可以观察到绿球譬如说在红球的西边5英寸远。因此,为了描述的目的需要,我们引入一个可观察量ξ,它表明绿球相对于红球向西测量的距离;一个ξ的负值表示绿球是向东的。但是,如果假设我们有两个颜色完全相同的球,并且我们观察不到任何区别。那么,在这个系统中,就不存在对应于ξ的可观察量。我们可以观察到这两个球在东西线上相距5英寸远,并且我们可以引入一个观察量η表示两个球的距离。但是,与ξ不同,η是一个没有标志的量。 36

如果把有关粒子的可观察行为的普通理论(我们可称之为粒子力学)应用于质子和电子,这自然是错误的,这样就会忽略在那个理论的早期阶段,即在引入和界定相关坐标ξ时,想当然地认为这些粒子在观察上是可区分的。这种力学当ξ是不可观察时就不再适用了。对质子和电子来说,我们有经过修正的、以η作为可观察物的力学。这种力学上的根本区别必定会导致数学上的区别;并且虽然这个问题更难,我认为,可以严格推导出来的是,这种区别同那些实际上是著名的库仑力的粒子之间的力是完全相同的。也就是说,电子和质子之间的静电力(库仑力)并非是由我们尚未知道原因的东西所产生的"另外的"东西,而不过是因我们的疏忽用ξ代替η作为可观察之物,因而根据经验重新提出来的术语而已,是由那些普通的公式所产生的。

那些不熟悉波动力学的人可能对可分粒子的力学与不可分粒子的力学竟然不同会感到惊讶不已。但是,量子物理学家对此并不吃惊,因为人们普遍承认,这两种力学在统计学方面有区别,这并无什么神秘之处。实际上,我从来不理解为什么有些人非常了

解大量相似物的不可分性具有重要的结果，却没有费心去审查其
37 在较小系统中的精确结果。不论我们考察大量相似物众所周知的统计效果，还是考察这两种粒子系统的力学不太明显的效果，其结论似乎都是难以置信的，除非我们牢记物理学所描述的世界的主体性和所有那些据说包含在其中的东西的主体性。人们自然地会反驳说，这些粒子不可能会因为我们不能区分它们而受到影响，并且如果假定它们会根据这个原因而修正自己的行为，那是荒谬的。而如果我们指的是全部客观的粒子和全部客观的行为，那有可能是真的。但是，我们对这些粒子的行为的概括——各种力学规律——所描述的是由我们的观察程序所强加的属性，正如关于可捕之鱼的概括是由渔网的结构所强加的一样。这些客观的粒子同我们不能区分它们无关；但是，它们同样的与部分地作为我们不能区分的结果而归之于它们的那些行为无关。正是这种可观察行为而不是客观行为，才是**我们**所关心的东西。

让我们再回到物理假设与认识论原理相比较的问题，可以设想的是，一个人如果除数学公式以外不愿把他的心思应用于其他任何东西，他就有可能把我们关于可观察之物是 η 而不是 ξ 的论断看作一种所谓的假设，这种假设一定会通过把推导出的结论与实验相比较而决定是否成立。它在形式上类似于物理假设，并且可以同样方式推导出其结论。但是，在这个案例中，观察检验是马马虎虎进行的——就像对欧几里得命题的实验确证一样。如果出现了不一致，可能会指出从这种论断推导出的观察结论有错误，或者可能会表示那些电子毕竟并非完全不可区分；但是，这将不会使我们相信如果我们做出论断说，当 A 不能在观察上与 B 区分开，

我们有可能观察到 A 在 B 的西面而不是东面时，我们就是自相矛盾的。

如果说以太速率的不可观察性在认识论上同样是明显的，这是一种夸张——一旦我们考虑应当怎样着手进行观察时，我们就会看到它是不可观察的。这是因为一提到以太，就会使我们陷入迷宫，人们几乎忘记了以太的定义，而根据以太的定义很难使我们在言辞争议的沙尘暴中不迷失方向。但是，如今赞同以太的人几乎没有了，因而我们可以把更为重要的意义赋予一个密切相关的不可观察物，即“远距同时性”。远距同时性的不可观察性在本质上同以太速率的不可观察性是同样的原理，但是，这个术语可能没有古老的以太假说的模糊性。可以看到，远距同时性的不可观察性纯粹是一种认识论的结论。 38

经典物理学的观点想当然地认为，一个物体在空间中任何地点的历史上，一定出现过一个瞬间，这个瞬间以绝对方式等同于我们自己在此刻所经历的那种“现在”瞬间。其同样想当然的观点是，这个程序在常识看来是显而易见的，它必然地会决定从观察上看哪些瞬间具有这种绝对同时性的关系。但是，如果远距地点的同时性被用作科学的术语，我们就不能容忍定义的模糊性，并且对所要进行的观察程序必须坚持精确的指令。人们发现，试图阐述这些指令总会以某种恶性循环而结束。例如，这种指令可以通过光信号或无线电信号而把不同地点的瞬间相互联系起来，并对经过的时间做出修正；但是，当我们探究如何决定后一种修正时，这些指令就成为测量钟表经过的时间，而为了显示同时性，钟表**已经**调整过了。这并不需要麦克尔逊-莫雷实验向我们证明在这个定 39

义中存在着恶性循环——虽然如果麦克尔逊-莫雷实验未能促使人们仔细审查，这个缺陷有可能会长期地持续逃脱我们的注意。

某一种量有可能是不可观察的东西——其线索有时是由观察所给予的；也就是说，当我们试图去测量它时，它却出人意料地表现为难以捉摸。但是，我们坚持它是不可观察的这种确定的知识并不是来自我们没有试图去观察它，而是来自对其定义的审查，由此我们发现其中包含着自相矛盾或者恶性循环或者其他逻辑缺陷。这个定义详细阐明的东西听起来似乎是某种观察程序；但是，当我们仔细检验这些术语的意义（它们通常包含追溯一个很长系列的定义）时，我们发现这种阐述没有意义。因为对不可观察物的区分取决于研究获得观察知识或者所谓观察知识的程序，而不是研究进行这种程序的结果，它是根据科学认识论而产生的；不可观察性的原理，譬如狭义相对论原理、不确定性原理或者经过修正的关于不可分粒子的力学，是一种认识论原理。这类原理同物理假设具有完全不同的地位，虽然它们也能导致同样的实际结论。

当不可观察物被引入一个宣称自己表达了物理知识的陈述时，这个陈述通常被认为是无意义的；作为一项物理知识，它必须对特殊观察程序的结果有所断定，并且这种没有观察意义的术语侵入会造成该阐述中的漏洞。但是，也可能例外地发生如下情况，40 即这种不可观察物会以这种方式包含进来，以至于这个陈述的真理性并不依赖于归属于它的价值。因此，这并不会损害这个陈述；因为虽然可以证明这些观察指令中有一部分是虚幻的，然而它对我们假设这一部分程序会得出什么结果并不真正地有何重要意义。例如，一个物体向北移动四尺，然后再向东移动三尺，它就会离出发点有五尺远，这是一项物理知识。这对地球以外其他行星上的测量也是适用的。如果给予合理的解释，这甚至也适用于一个非旋转的行星，虽然“北方”此时是不可观察的；因为虽然“北”和“东”这些术语被用来表达这种知识，它的真理性却不依赖于观察程序的结果，这两个成直角方向的第一个方向正是根据这种程序而设定的。

因此，有两种方式可以处理经典物理学无意中所承认的不可观察物。一种方式是以根除它们的方式来重新阐述我们的知识。另一种方式是使它们不起作用；可以允许它们仍然假定，那些包含着参照它们的论断不管我们给它们如何赋值——即不论我们假定所给予的虚幻观察程序会产生什么结果——仍然是真的。虽然从哲学观点来看有些多余，这后一种方法一般地说在物理科学的实际发展中是最方便的。它所包含的对我们传统的知识表达形式的干涉较少，据此我们可以更容易地追溯不可观察性的结果。那些包含参照不可观察物的可能论断在形式上受到很大限制，因为它们必须拥有“不变性”，不管我们如何改变不可观察物的假设价值，它们仍然是真的。通常，这种限制相当于物理假设——即假设事物的实际行为与这种限制是一致的。但是在现在这种情形下，这种限制从根本上说是一种同义反复，因为断言它与这种限制不符合根本没有意义。 41

第四节

读者可能会已经注意到，我们对物理学所应用的认识论思考的各个例子,并不是第二章期望引导他所看到的东西。我们在那里思考了由观察程序的选择性效果所做出的概括(自然规律)。在这里,我们对这个程序的考察似乎会得出不同的发现,即包含在目前物理学体系中的某些量是不可观察的。通过发展这种不可观察性的结果,我们可以推导出那些先前可在经验上发现或提出的自然规律,因而可以把它们的根据从后验的转化为先验的;但是,这里似乎仍然没有什么东西可支持我称之为选择主体论的观点。[①]我在后面将会尽力表明这种分歧只是表面的。同时,可以注意到,某种表面上的分歧也是人们所期望的;因为第二章的哲学探究已经接近了可观察性观点的主题,而本章的科学探究则是根据不可观察性观点来进行研究的,因此,在它们相遇之前仍有某种道路可走。

量的不可观察性源于一种定义的逻辑矛盾,这个定义声称能详细地阐述观察它的程序。我必须强调指出,这并非是对一般被引用为权威的古老定义的用词进行吹毛求疵的批评的问题。我们并不是在谴责某一个量是不可观察的,直到我们竭尽全力,并且如果有必要,通过重新阐述这个定义来消除矛盾。为了弄清这种批评不只是词句上的,我将再次提到我们已经讨论过的两个不可观察物。

42

首先看一下两个不可分粒子的坐标差异 ξ 的不可观察性。这里修正关于 ξ 的定义不成问题,因为它在其现在研究不可分粒子的形式上是必不可少的。那种逻辑矛盾产生于把它应用到不可分

① 但是,这个方面的线索在第 37 页上可以看到。

的粒子上，忽略了它是以粒子在观察上是可分的为前提的。

远距同时性的不可观察性提出了更多的困难思考，因为这个概念从远古时期就已经存在了，并且想当然地认为实际的观察者会知道在没有精确指令下该如何决定它。为了尽力阐述这种精确指令，我们发现它们包含着恶性循环，假定了一种反过来以远距同时性知识为前提的知识。但是，我们必定会遇到反驳说，我们（相对论者）抛弃的这些指令是我们自己制定的；如果这些指令是由更加敏锐的人制定的，他们就不会在这些指令中包含恶性循环。我们的回答是这些更加敏锐的人如今已经前进了 30 年了；但是，任何人给出的指令都没有摆脱恶性循环。我们愿意采取合理的努力来找到意义，无论它表达的多么不完善；但是，如果我们拒绝在没有理由假设存在意义的地方通过无休止地寻找意义而保持物理学的进步，那么，这就只是在吹毛求疵。

事实上，那些谈论远距同时性的人认为某人有可能会在某一天变得很聪明，因而可以发现它们意味着什么——这些人的可怜信念已非常接近被证明为是正确的。在宇宙论研究中，人们已经发现，如果整个太空中的星系分布是均衡的（或者接近于均衡），就会有一种适合于整个宇宙的关于时间测算的自然体系（或者近似体系）。根据这种测算，可以用世界范围的瞬间来合理地界定远距同时性。但是，如果把这等同于牛顿物理学体系中所指的远距同时性，那将是牵强附会的。我不相信经典的物理学家在提到同时性时会预见到数亿星系的存在和分布规律中偶然存在的某种关系，这在当时的宇宙学中是未知的。 43

第五节

理论物理学的进步有一个特征，这就是它的基本假设的数量一直在不断地减少。

虽然我们通常会区分根本的物理假设与因果假设，以便解释特殊的现象或者填补我们对周围物体的观察知识的空白，但是，要阐述二者的严格区分则是困难的。然而，在实践中人们很少会对此产生怀疑；并且如果不认可目前流行的分类（我在后面会提出一个更有意义的分类来代替现在这个分类），我就会把它用作事实上的分类。在这样区分出来的领域中，我们同样会发现有根据表明这些假设的数量在不断减少。

这种减少是以某些方式造成的。首先，由于抛弃了对所有事物的机械论解释的理想，大量空洞的假设得以减少。此时，物理学基本实体的属性以数学公式的形式来陈述，而不再通过假设性的机械论来“解释”了。数学公式是非常经济的假设。由于某种保留，它会使我们陈述的结论不会超越已确定的事实；它不过是对所观察之物的系统化陈述而已。这种保留是，鉴于这些被确定的事实能在有限的近似程度内、根据有限条件并且以有限数量的例子来证明这种数学公式，这种数学公式就省略了对这些限度的参照。如果我们必须给这些公式附加一个已被证明是真实例子的时间表，则其用途就将会消失。在一定意义上，爱因斯坦（或者牛顿）的引力规律并非是某种假设，而是我们对所观察之物的总结性陈述，具有某种限度的近似。只有我们把它断定为精确的和普遍的，它

44

才成为一种假设。由于如今数学公式在物理学整个基本部分里均被采用，所要求的唯一基本假设便是关于这种意义的概括的假设。

从减少假设数量方面看，另一强有力的因素是物理学的统一在不断增长。以前那些被单独地加以研究的各个分支现在已经联合起来，并且人们发现，它们各自具有的一套套假设都是不必要的重复。一个著名的例子是光与电磁波的等同，它一举消除了光学的所有假设，电磁学的各种假设已足以涵盖其整个主题。即使我们把光与电磁波相等同看作一种新的物理假设，由于它替代了 19 世纪关于思辨的以太理论的这种唯一假设，实质上也是一种减少。但是，光与电磁波的等同不能被看作是物理学的某种内在假设，因为要考察电磁波对视觉神经的刺激如何在意识中唤醒了叫作光的感觉，这完全是物理学领域之外的事情。

这种假设的减少在引入认识论方法之前造成了巨大的进步。45 科学研究的目的总是要追溯不同现象背后的共同原因；物理学的正常进步总是朝向能够展示作为一些简单原因之结果的整个宇宙秩序的统一性。我们可以把它与几何学相比较，后者把大量的定理归结为一些基本公理。如果与几何学的这种类比成立，那么假设的减少便是有限度的，因为没有任何公理的几何学是不可思议的。但是，一个同样可能的类比是同数论的类比。这里我们也有各种各样可展示数的特性的定理，普通智能根本不能预见到这些定理；然而，在这个主题的全部内容中，没有任何东西可以叫作公理。我们将会找到根据来使我们确信，这个类比同物理学的基本规律体系更为接近。

随着相对论问世，第三种减少假设数量的方法悄然出现，这就是用认识论原理来替代物理假设。我们已经注意到,就观察结果而言,认识论的结论能以同样方式发挥物理假设的作用。

我们已经看到(边码第 20 页),那些具有认识论起源的规律和属性都具有强制性和普遍性。也许还可以补充说,它们至少在某些情形下是正确的。因为某些量的不可观察性——这是认识论原理最常见的陈述形式——可以追溯到它们的定义中的逻辑矛盾;并且其结论(就它们是由逻辑推论所达到而不是由或多或少与不确定和不精确的假设相结合而言)是相当确定的。因此,认识论在基本的物理学中的渗透便极大地改变了其特性,并使其在有限的范围内精确了。只要这些方法在整体上是后验的,就不能保证把这些推论出来的自然规律视为比那些近似规律好。

46

为了避免误解,在此最好(不成熟地)声明这些精确规律的主题是或然性的,虽然我们现在承认这些规律是我们能够有把握地断定为是真的规律。因此,在可观察现象的规律(与关于这些现象的概率规律相区别)中不存在相应的精确性;并且虽然它具有新获得的精确性,这种基本物理规律的体系却仍然是非决定性的。

第六节

我们已经看到,在现代物理学理论中,认识论的结论发挥着以前由物理假设所发挥的职责——实际上那些未能看到其起源的人现在仍然经常把这些假设归之于物理假设。但是,要给出一个直接的例子,以说明由于这个替代而消失的那个更为陈旧的物理学假设,则并非易事。这是因为理论物理学体系在很大程度上是相互联系的。一个单独的假设本身根本不能成立，因为它是以这个体系中的其他假设已经被接受为先决条件的。除非牛顿的运动规律也被接受，否则，牛顿的引力规律根本不能说明行星的轨道或者苹果的下落。因此，我们不要期望陈旧的物理学的物理假设和新体系中的认识论原理能一一对应。相反，认识论原理，譬如狭义相对论原理，把这种假设的全部体系抛在一边。补充它所要求的假设还不如先前接受的假设体系广泛；但是，这种变化并不是简单地省略一个假设或多个假设而其他假设保持不变的问题。

在此，把牛顿的引力规律和爱因斯坦的引力规律中的假设要素做一比较是有益的。为了有利于比较，我把牛顿的假设分为三个步骤，其特殊性一个比一个大： 47

假设 1：存在着普遍的引力规律。

假设 2：可以用不同的公式来表达第二种秩序。

假设 3：第二种秩序公式（在虚空中）是$\nabla^2 \varnothing = 0$。

我可以重复一下：这种假设要素是对这些陈述的概括和精确化。如果我们头脑中有某种程度的概括和精确性的界限，我们也可以用“经验性真理”来代替假设 2 和假设 3 中的“假设”。

对爱因斯坦的类似规律进行分析，我们便有：

认识论 1：存在着普遍的引力规律。

假设 2：可以用不同的公式来表达第二种秩序。

认识论 3：第二种秩序公式（在虚空中）是$G_{\mu\nu} = \lambda g_{\mu\nu}$。

如果用 e 来表示认识论，第一步和第三步是指这些规律是严格地从考察获得测量数据时所遵循的观察程序中得来的，这被认为是为了建立引力规律。它们根本不包含物理假设。但是，只有第二步被采纳了，第三步才不会被存疑，而为此我们仍然需要求助于物理假设。因此，我们把消除假设1和假设3当作减少假设的手段，留下假设2保持不变。但是，对此还必须加上进一步减少同运动规律有关的假设。在牛顿物理学中，运动规律是附加的假设；但是，在相对论体系中，它们则是从爱因斯坦引力规律的数学公式中推导出来的。

我丝毫不怀疑从假设2这一步也能追溯到其认识论来源；但是，要对这一步进行探究，就有必要扩大这一讨论的范围，以便能真正地涵盖整个其他核物理学，而不只是力学。然而，在认识论飓风吹过整个物理学之后，还有多少假设仍然存在于物理学基本规律方面，对这个一般问题的评价可能会淹没这项研究。对此，我将在第四章中予以考察。

48

第四章 认识论方法的范围

第一节

在物理科学领域，其很大一部分恰当地由经典物理学所涵盖。49 人们在近年来所取得的进步移植到这个古老的知识领域，通常表现为对这种知识的修正。我们在上一章已经看到，认识论探究已经揭示，这种经典体系关于量的定义存在某些骗局，并揭露出其中包含的某些逻辑谬误。通过以这种方式来表现那些结论，我们可以从否定方面来表现认识论——通过消除阻碍物理学发展道路的各种错误，就可以推进物理学的发展。

一般地说，同经典物理学相比较是展示这种新进步最简单和最有用的方法，然而，我们还应当竭尽全力，注意把握以这种认识论为基础的理论具有哪些积极方面，并把其作为物理学自我控制的发展。如果从一开始就这样追求，由于我们已经预先对这种错误有所考虑，物理学的进步将会畅通无阻。

以这种方式来看，认识论的物理学所具有的特征，是它直接地研究知识，而经典物理学研究的或者致力于探究的是所谓知识描述的实体（外部世界）。因此，现代物理学家设计的技术适合于研究物理学中所承认的知识；而经典物理学家所设计的技术则适合于研究他认为是外部世界的存在。如果从一开始我们就明白我们所分析的就是这种观察性知识——这些数学符号代表的是知识的要素，而不是外部世界的实体——除非有意识地把它当作数学中附加的量，否则，就不可能引入不可观察物。人们经常责备现代物理学家，说他们有假定，因为他们对不存在的事物不可能有任何知识。但是，这是一种错误概念；对于我们没有直接或间接知识的事物，我们没有必要做出任何假定，因为它们不可能出现在我们关于知识的分析之中。

50

这个差别最明显地表现在现代量子理论之中。根据经典的微观物理学概念，我们的任务是要发现一种能把粒子在一个瞬间的位置、运动等与下一个瞬间的位置、运动等相互联系起来的公式体系。现在已经证明，这个问题相当令人气馁；我们没有理由相信存在着任何确定的解决方案，因此这种研究已经被人明确地抛弃了。现代量子理论已经致力于另一项任务，这就是要发现一些方程式，这些方程式能把一个瞬间的位置、运动等知识同下一个瞬间的位置、运动等知识相联系。对这个问题的这一解决方案似乎恰恰在我们的力量范围之内。

数学符号论描述着我们的知识，而数学公式则追溯着这种知识随时间而发生的变化。我们关于物理量的知识或多或少总是不精确的；但是，概率理论可使我们对不精确的知识给出精确的说明，包括对其不精确性的说明。概率引入物理理论所强调的事实是，它是已经得到处理的知识。因为概率是我们关于事件的知识的一种属性；它不属于事件本身，事件本身必定会确定地出现或者不出现。

波动力学研究概率随着时间的消逝而再分布自身的方式，它把概率分析为波，并确定这些波的传播规律。一般地说，这些波倾51向于扩散；我们关于一个系统（或者任何其他特征的）的肯定知识，做出观察的时间消失得越长久，越会变得更模糊。知识的突然增加——我们意识到了新观察的结果——是概率-波的“世界”的间断；这种概率被重新集中，从这种新的分布重新开始传播。某些微观系统特征还有另外一些概率分布形式，它们不会扩散，或者扩散得很慢；因此，我们对这些属性的知识不会如此迅速地过期。对于这些“稳定的陈述”和决定它们的公式，人们慷慨地给予很多特殊关注，因为它们为长期的大范围预见提供了基础。

这种习以为常的陈述容易引人误解，因为根据现代理论，电子并不是粒子而是波。“波”表现着我们关于电子的知识。然而，这个陈述是一种不确定的强调方式，它强调了这种知识而不是实体本身是我们直接的研究对象；并且也许因下列事实可以对它加以原谅：量子理论的术语如今已经完全被弄乱，因此几乎不可能对其做出清晰的陈述。除了被不严格地应用于概率波本身以外，“电子”一词通常在量子理论中的用法至少有三种不同的意义。①

波动力学能立刻向我们表明，可观察物和不可观察物的区分为何是本质性的区别。对一个量的“恰当”观察，虽然并不会精确地确定这个量，却会缩小其可能存在于其中的范围。它会在这种

① 也就是说，由迪拉克波动-功能所代表的粒子，即第二种量子化中引入的粒子和氢原子的内在（相对的）波动-功能所代表的粒子。

量的概率分布中造成压缩，或者如我们通常所说，会在其中形成波包。波动力学的方法就是要研究支配从这样一种源泉产生的波的传播的波动公式。但是，如果这种量是不可观察的，就不会形成这些波包。研究一种没有办法产生的波的传播，这对物理学来说可能根本无法应用；而如果一种理论宣称能推导出通过观察可以证实的分析结论，那么，这种理论显然会受到错误的身份认同的损害。

第二节

我预料有人会指责我，说我夸大了现代物理理论中的认识论因素，因此在继续往下讨论之前，我尝试考察一下这个批评。

从牛顿时代起直到最近，科学认识论一直是静止不动的；200多年来，我们关于物理宇宙的知识，无论从广度还是从秩序上看，一直没有对之予以修正。我们已经看到，物理学家天生地是在某个特殊方向有专长的哲学家；但是对物理学家来说，认识论已成为古代的历史，长期以来他本人对之一直漠不关心。一般地说，物理学家本人为自己是纯粹关注事实的人而倍感骄傲——关注事实是他描述人们接受牛顿认识论的朴素实在论的方式。如果物理学家沉迷于哲学，那只不过是他的爱好而已，与他严肃地从事的科学推进工作完全是两码事。

因此，虽然科学认识论总是物理学领域的一部分，物理学家却长久没有培育这片土地了，因而当他终于开始关注它时，他的道路通行权则受到质疑。重新进入这块被忽略的领地是现代物理学革命的开端，其第一个成果便是相对论。但是，我们千万不能把认识论看作是一位疏远很久的亲戚，他出乎意料地遗赠给我们一笔相对论原理的财富。对待一位富有亲戚的明智方法，是邀请他重新加入家族圈子，因此你能更多地同他接触。53

也许会提出这样的问题：在一流物理学中，一般的意见在认可这种团聚方面现在还能走多远？这很难断定。我的印象是这种一般态度可能会被描述为带有怨恨的接受。求助于新的认识论思考也许在紧急状态下是允许的，但是不允许成为常规科学进步的一部分。有一种普遍的共识是，那些重要的进步都产生于批判性地考察我们的观察性知识的性质。我也认为，一流的权威人士将会同意我在某一节对量子理论方法所做的简短说明——它的进步是通过直接的分析系统的知识，而不是分析该系统本身而获得的——并且他们会承认，这种方法的改变与所有近年来的进步都是一致的。他们似乎能意识到物理学革命中所引入的这种认识论要素；并且他们对合乎理性的认识论观点的实际价值有切身体验。但是，对于系统地发展科学的认识论仍有一种难以言表的不情愿。虽然这些具体原理得到了认可，并且实际上最终仍在起作用，但是似乎仍然没有认识到，彻底地探究认识论方法以便把其益处发展到极致是有益的。

与原子核、辐射、宇宙论等等相关，还有许多新的问题。人们承认，现在的量子理论若没有某种根本的进步，就不可能涵盖或替代这些新问题。人们应当想到，我们如今已经知道如何摆脱这种僵局。还应当对我们的富亲戚——认识论提出另一种诉求，他在前一些场合挽救了我们；在回答这一根本性问题上应当采取的另一前进步骤是，我们究竟观察到了什么？这种前进方式仍然是开

54 放的；我们只是由于先前的步骤所显示的大批新洞见暂时令我们不能承受而踌躇不前。不论我自己的科学工作在这个方向有可能如何重要，这至少表明出路在哪里，并且通过这些通路的进步绝不是行不通的。

我简直不能假设量子物理学家没有意识到他们在认同可观察物上的错误，这些错误在过去十多年里已经被反复地指出过；但是，他们宁愿坚持这些错误——可能是因为他们认为这些错误所带来的恶，要比认识论的进一步入侵所带来的恶要轻一些。正如他们中有一个人质朴地指出的那样："可观察的东西是一个非常虚幻的概念，如果我们把这种批评坚持到底，我们就不得不怀疑许多我们以往丝毫不加怀疑的事物。"

这样看来，虽然现代物理理论的认识论特征得到了认可，并且不时地被加以着重强调，科学认识论与科学仍然没有真正有效的结合或统一。我在这里指的是那些专门研究这些根本问题的人所持的态度。如果我们转向更大的物理学家圈子，即那些致力于研究的不是发展而是应用这些新理论成果的人，要说他们的立场在哪里则更加困难。对这种新理论非常普遍的接受，在何种程度上可以被视为接受了他们的认识论观点？在我看来，科学哲学应当同科学实践有一定的关系，而这个观念在科学家中却仍然是陌生的。如果一位研究宇宙热寂说①的科学家评论说，根据热力学第

① Heat death，热寂说，关于一切运动形式不可逆地转化为热，宇宙最终将处于热平衡的死寂状态的一种学说。它是德国物理学家 R.格劳修乌斯（1822—1888 年）等人在应用热力学第二定律探究宇宙变化趋势的过程中引申出来的一个错误结论。宇宙热寂说提出后，许多物理学家从不同的角度对这个学说提出批评，认为这是不顾热力学第二定律的适用条件和限度，把它绝对化的结果。——译者

二规律，这是不可避免的，则某些批评家一定会反驳说，这完全是对科学规律的错误理解；他可能会说，科学规律不过是一种经验概括，在其得到证实的时空范围和条件下是有效的，把这个概括外推到未知的遥远未来是不科学的。然而，同样是这位批评家，如果让他来裁断一篇论述某个新问题的论文，譬如关于我们的望远镜探测不到的那些星系的宇宙射线的可能起源，他肯定会寻求考察所提出的说明是否与热力学第二规律相一致，如果它们二者不一致，这篇论文被接受的机会将会很小。 55

当爱因斯坦的理论出现时，他不仅提出了一种新的认识论，而且他还把这种理论应用于决定引力规律和其他实际结果，物理学家关于如何对这种理论进行分类感到迷惑不解。有些人争论说这种理论是哲学，别名叫形而上学，无疑这会立刻遭到反对。另一些人则承认这些公式似乎与观察相一致，并完成了一种有价值的知识系统化，但是这些人却相信，若对这种理论的意义做出“真正的物理学”解释，将会立刻取代目前包含于其中的认识论术语。很少有人明白，这种新的认识论观点才是这种理论的核心，它能代替阻碍进步的谬误思维体系。甚至直到现在我们仍然经常地发现有一些作者，虽然他们绝不会忽视思想变化的各种理由，却仍然提出一些理论说，这些理论中只包含牛顿的概念。这就仿佛是在观察知识的性质上，把一种谬误的和过时的观点相混合，有可能是一种优势！

大多数物理学家的态度具有这种模糊性和不一致性，这在很大程度上囿于这样一种倾向，即把一个理论的数学发展看作是唯一值得给予密切关注的部分。但是，在物理学中，任何事物都取决于观念达到数学阶段之前如何处理这些观念的那种洞见。

这种倾向所造成的结果,是理论经常地被等同于引领它的数学公式。我们不断地发现狭义相对论同洛伦兹转换是等同的,广义相对论与转化为普遍性坐标是等同的,量子理论与波的公式或者交换关系是等同的。无论是相对论,还是量子理论,都不可能有把握地概括为可用于所有场合的公式,对此我们无论如何强烈要求都不为过。相对论者并没有使用洛伦兹不变性公式(这些公式是在相对论出现之前若干年引入的),只是他们明白在何种情况下这些公式应当具有洛伦兹不变性;也不是他们把这些公式转化为普遍性坐标的(这项活动至少进行了一百年了),只是他们明白在何种情况下一种特殊的坐标系是不适用的。在量子问题中必须允许这种理论的反向状态;世界仍然在期待量子力学家来理解在何种情况下标准的波方程与交换关系是可适用的——他们区别于那些仅仅应用这些方程并期望达到最好结果的人。

56

显然,任何内在一致的哲学都不可能通过不明确地承认认识论在科学中的地位而得以建立。我们的研究真正关心的是,物理学的领军人物迄今应能致力于接受认识论的帮助,因而认识论与物理学的完全同化就只是一个时间问题了。

第三节

我不明白,为何有些人接受了相对论,竟然还会拒斥认识论原理对物理假设的某种替代;我也想不通,为何有些人理解并接受了相对论,竟然还会倾向于拒斥认识论原理对物理假设的替代。争议更大的问题是，这种替代的范围能有多大？在此，以纯粹的科学探究为基础，同我的大多数同行的结论相比，我的结论要激进得多。我坚信，整个物理学的基本假设体系都可以由认识论原理来代替。或者，换句话说，所有通常被当作根本性的自然规律总体上都能根据认识论的思考预先就能认识到。这些自然规律相当于**先验的**知识，因而它们**从总体上看是主体性**的知识。 57

遗憾的是，在这种前沿问题上，我不得不提出这些结论，这些结论一般地都被当作个别的科学结论，但是，这是不能避免的。这些基本规律的体系从总体上看是主体性的。我认为，我能够看到一种清晰的哲学正在根据这一结论而产生出来。我根本看不到任何内在一致的哲学能根据下列结论而产生：某些基本规律是主体性的，而另一些基本规律则是客体性的。这会使我立刻陷于危险境地，被各种反对意见和困惑所困扰，而我根本不知道如何应对这些反对意见和困惑。我并不因为这个原因而对之进行声讨；也许随着大量进一步思考，进步之路才能显现。但是，如果一种哲学的种种难题与我相信的科学信念没有联系，没有任何诱因能促使我花费时间来竭力克服这些困难；如果一个人有理由相信，某个难题的研究建立在错误的前提之下，没有任何人会煞费苦心地进行这种研究。你会发现以往有许多关于客体性的自然规律的哲学，然而，你会在这里发现一个关于主体性的自然规律的哲学。如果有人提出一种混合了主体性和客体性的自然规律的哲学，这并不是由我提出来的，因为我确信这样一种哲学不会得到任何科学的支持。

不管正确与否，我的结论都有某种纯粹的科学根据。这种结论会导致一种简单的和合理的哲学，这也许是对其有利的论证。然而，这是一种事后诸葛亮式的思维，对于达到科学的结论不会有重要影响。

我并没有以任何关于认识论方法之范围的先入为主观念为出发点；全部基本的自然规律都可以从认识论思考中推导出来，这个58 结论是实验的结果。我发现，由于同相对论有长久的联系，并且这种方法在相对论中首次显示了其力量和不时地可以看到其进一步应用的机会，因而这种方法涵盖了越来越多的根本的物理学基础，直到最后这种结论已成为不可避免的了。

关于这个证据，有一个特征需要加以强调。自然规律如今是通过数学方程式来表达的。我们关于这种规律的知识，只有在我们不仅知道这种方程式的代数形式，而且知道出现于其中的参数值时，才能说是完整的。但是，我们习惯于把“自然规律”这个术语局限于这种代数形式，而那些参数则被用来指称分别存在的“自然常量”。例如，牛顿的引力理论提出一条规律，即平方反比规律，还提出一个常量，即引力常量；爱因斯坦的理论也与此相类似。在本书边码第 47 页把牛顿规律同爱因斯坦规律相比较时，我把引力常量省略掉了，只字未提。但是，在我此时涉及意义更为深远的研究中，则要包括这些常量，也要包含这些代数形式。我的结论是，不仅自然规律，而且自然常量，都能从认识论结论中推导出来，因此，对于它们，我们可以有先验的知识。

如果把自然规律的体系看作一个整体，正如在物理学的基本方程式中所提出的那样，那么，就会涉及作为纯粹数字的四个自然常量[①]。我发现,这些常量都应当是可预见的先验的东西。我的全部注意力都集中在这些常量上面,因为从认识论方法的力量方面来说,提供数字(在某些情形下大约1‰是可验证的)同提供规律形式相比,是更为严厉的检验。我认为,经典物理学家有某种内在感受,这就是认为,平方反比规律是随距离而产生的效应衰减的自然形式,这种形式有可能被先验地期望能应用于引力——诚然,这与他承认任何先验期望的原理可能是相反的。但是,在这种力量最有可能的力度以外,他几乎不可能有任何内在的被承认或不被承认的希望。 59

现在,需要记住的是,从认识论上来考虑,不管何种东西,实际上它们都是主体性的;认为它们是客观世界的一部分,这种观点已经被推翻了。在大量结果已被发现之后,一个新时代到来了,在这个新时代,我们不再依赖于选择和判断(如果我们能够的话)多大的主体性区域应当消除。日常概括很早就已经表明,这个区域同物理学的基本规律(包括常量)属于同一个时空。但是,直到这四个常量中最后一个常量被消除,我才能使自己相信这种概括。过去我受到这种共同感受的压抑,而现在我明白,这种感受在哲学上基础不牢,因而必然要给这种主体性托词至少留下一个客观借口。的确,某种客观借口是必要的,但是我们不需要假设它会自我伪装,使自己就像那些托词。

在这四个自然常量中,有一个是非常大的数,叫作**宇宙数**。也

① 通过从通常认可的七个自然常量中消除我们的三个任意单位(厘米、克和秒)而形成。(《科学的新道路》第232页)

许,我们可以最简单地把它描述为“宇宙的粒子数”,虽然在物理学中它也会以其他更为实际的方式表现出来。我们倾向于说,如果有什么东西不能被我们先验地预见到,这就是宇宙的粒子数。这似乎是客体性最内在的避难所。但是,经过思考其他常量之后,这种宇宙数的认识论起源相对地说就容易追踪了。

从哲学观点看,就对这种宇宙数的抨击来说,早期所有的努力都是辅助性的,是我们的思想的真正转折点。只要其客体性是明显的,即使其只是物理学纯粹的客观事实,我们也会平静地观看对 60 这些主体性影响的展示。对**统一**我们不会担心;并且由于具有所要指向且已经被确定的客观事实,根本不存在**取消**的危险。但是,一旦我们发现这种宇宙数是主体性的——我们用来观察的感觉器官的影响,以及我们把各种观察结果明确地表达为知识的理智器官的影响非常深远,以致其自身就能决定这种粒子数,宇宙的物质似乎是分隔在这些粒子数之中的——我们便不仅失去了我们所依托的支撑,而且我们再也不会有心反对这种毁灭性的主体性洪水了。

因此,在第十一章,我将以一定篇幅来讨论宇宙数的主体性。诚然,根据认识论思考来探讨其现实来源过于专业化,因而在这里无法进行这种讨论。但是,在任何情况下,如果数学研究的结果“明显的是不可能的”,那么这种研究就不可信;它只会使那些非常有兴趣的人在这种研究中寻找漏洞。而我要指出的是主体性在思想领域获得立足点的方式,人们通常假设主体性在这个领域是被严格排除的。因此,人们将会看到,即使对宇宙粒子数的估计也并非明显地不可能。

在这种关于物理学规律的讨论中，我并没有包括原子核，因为核理论的当前状态相当于 1925 年之前量子理论的状态，并且没有给哲学推理提供任何基础。弥补这个裂缝的任务似乎不是非常迫切的。不要忘记，氢根本没有核(不同于质子)，因此，当下的讨论[①]已经完全涵盖。迄今为止，它还没有向任何人显示，它会提倡关于氢的哲学唯心主义和关于氧的实在论；在我看来，同样可以假定，在研究宇宙的主体性本质或者客体性本质时，其化学成分完全是与之无关的。 61

在此，我必须提到一个观点，最终将会证明，这个观点具有极大的重要性。人们通常认为，“随机规律”不是物理学的基本规律。在那些从整体上可以根据认识论思考来预见的规律中，我也没有把它包含在内。但是，根据现代物理学体系，我们对现象的所有预见都是对可能会发生的事件的预见，所依据的假定是，由随机规律所派生的个体粒子的行为之间彼此并无关联。**如果不求助于随机规律，物理学就不能对未来做出任何预见。**因此，人们可能会宣称，随机规律是所有物理规律中最基本和必不可少的规律。它之所以被忽略，其原因是从日常观点看，随机性是对规律的否定；并且似乎没有必要主张一种规律声称不存在规律。但是，日常观点认为理所当然的是，物理宇宙及其各种粒子从整体上看都是客体性的；在把随机规律(或者非关联性规律)应用于部分地是主体性的宇宙时，需要对其地位重新予以思考。这一观点只有到本讨论

① 包括显示在质子的密切相遇中的非库仑力。因为这种力在核理论中也发挥着巨大作用，在这个讨论中也包含着这个范围的核。

的后期阶段，才有可能充分地处理。最终所采纳的观点可以在本书边码第 180 和 218 页上找到。与此同时，如果读者发现我的论证明显地倾向于越来越不可信的结论，他可以期待以后对它加以扭曲修正，将其软化，使这种东西在我看来不会过于同他的常识相抵触。

第四节

62 现在，我将不再进一步辩护，而是直接假定你们诸位同意下述命题，即物理学的所有基本规律和常量都可以明确地从先验的思考中推导出来，因此它们从整体上看是主体性的。至少证明的责任似乎要依赖于那些要求任何规律都具有客体性，因而在没有明显的必要性时扰乱了这个同质性体系的人。

为说明我们现在达到的立场和观点，且让我们回到鱼的类比(边码第 16 页)。当那位鱼类学家拒绝观察者的提议，把客观的鱼类王国看作过于形而上学的王国，并解释说他的目的就是要发现适于可捕鱼的规律(亦即一般概括)，那么，我期望这位观察者说着下面的话走开吧："我打赌，采用他关于可捕鱼的鱼类学，他不会走多远。我纳闷，他关于可捕鱼的繁殖理论会是什么样子。最好是把让幼鱼逃走当作形而上学思辨，然而在我看来，它们出了问题。"

在我看来，这个反驳中有某种问题。或许，它低估了数学家聪明地处理所选择的材料的能力。但是，如果我们的目的是为了确定这些规律的客观来源是经过主体性选择修正过的形式而为我们所掌握的，那么，我认为，最好的方式并不是废止所有关于客观世界的理论——无论如何，它们都是一些工作假设。但是，乍看上去，物理学的进步似乎与此相矛盾，因为正是在我们抛弃了关于客观世界的假设，并转向直接研究物理知识之时，进步才变得令人惊异地迅猛。

这个说明简明扼要。所有这些进步都与主体性规律有关，都与观察程序施加给观察结果的一致性有关。至于那位鱼类学家的第二个概括，即所有海洋生物都有腮所说明的一致性，是我们的周围世界内在固有的一致性，对这种一致性我们甚至还没有开始研究。那位观察者是对的，他头脑里所想的那种生物学研究还没有取得任何进步。 63

我在本书边码第 43 页顺便提到，要界定物理学中“基本的”和“因果的”假设之间有何区别是非常困难的。同样，如果要在“自然规律”与“特殊事实”之间做出严格区分，也会产生同样的困难，只是表现方式略微不同而已。

在经典物理学中，这个困难不会出现。根据拉普拉斯的观点，人们可以假定，根据宇宙任何一个瞬间的完整状态可以计算出过去和未来任何其他瞬间的完整状态。为了完成我们关于宇宙的知识，除了那些规则以外，我们还必须知道它们所要适用的初始材料。这些材料就是特殊事实。

有可能的是，我们可以发现一条适用于这些特殊事实的规则或者规律性。如果是这样的话，或许我们就不应当否定这个规则是自然规律的名称。但是，可以把它与那些基本的自然规律区分开来，因为它并不是那种预测系统的一部分，而不过是无缘由地体现在这种宇宙设计中的特殊事实的模式而已。

这种区别可以用数学语言来非常简要地表达。决定宇宙进步的不同方程式是那些基本的自然规律,而其边界条件则是那些特殊事实。

但是,这种区分模式只有在决定论的宇宙里才是可能的。在当前这种非决定性的物理学体系中,自然规律与事实特殊之间并没有任何边界。现在的基本规律体系并不会为未来的计算提供一套完整的规则,它甚至并非这样一套规则的组成部分,因为它只同概率的计算有关;并且如果对确定预测体系的寻求得以更新,那就必然会以不同路线重新从头开始。那些特殊事实所起的作用也会因此而被改变,并且由于这些特殊事实能把现实的宇宙与所有其他遵循相同规律的可能宇宙区分开来,因而它们并非是一劳永逸地在某种过去的宇宙时代被给予的,而是随着宇宙遵循着自身不可预见的路径逐渐地产生出来的。除此而外,根据量子理论的微分方程,那些边界条件并非这些客观事实,而是我们碰巧拥有的关于它们的知识。

64

在经典理论中,基本的自然规律与特殊事实的简单划界是同决定论相联系的,我们不能把这种划界带到现代物理学理论之中。但是,如果根据主体性观点来处理这个问题,就会出现一条新的界线。我们已经发现,这些作为假设的基本规律总体上是主体性的。只有把我们这一部分总体上是主体性的知识看作是与包含着宇宙的客观特征的知识有所不同的知识,才是合理的。早期的物理学家似乎并没有忽略这种不同,因而我们可以发现,那个被附加了纯粹客体性的区域已经以另一个名称即“基本的”标志出来了。

另一方面,这些特殊事实并不能根据认识论思考推导出来,并且这些特殊事实也不全是主体性的。我们关于特殊事实的概念，其本质正是它完全有可能不是这样——根本没有任何先验的理由可以说明，它为何是现在这个样子。毫无疑问，许多人坚持认为自然规律非常有可能是另外一种样子；但是他们很少断定这是自然规律概念不可分割的一部分。每个人都承认，同想象宇宙的这些特殊事实是不同的相比，在某种意义上我们有更大的自由来想象宇宙的自然规律是不同的。

65 根据先验的认识论方法可以推导出来的结果具有强制性，因此我们不可能扩展这种方法，使之可以预见那些特殊事实，因为它们“很可能不是这样”。我所担心的是，在我结束讨论之前，我就能说服那些听话的读者，使他们相信如此众多的该词对其几乎没有印象的“不可能的”事情，并且在我想要他做时，他将明知不可为而不会踌躇不前。这里，请允许我以另一种非常不同的方式阐述这一观点。如果由于认识论的进步，我们能以某种总体上是先验的方式成功地预见一种所谓的特殊事实，我们就能立刻改进这种分类：“假设它是一个特殊事实，这显然是我们错了。既然我们已经相当清楚地认清了它的来源，我们就会明白，有一种自然规律迫使它成为这个样子。”

宇宙数为这种观点的变化提供了一个极好的例证。由于它被看作宇宙的粒子数，人们一般地把它视为一种特殊事实。人们认为，宇宙可以用任何数量的粒子来制造；因此，就物理学而言，我们必须接受赋予宇宙的这个数是偶然的，抑或是造物主的一时兴致所致。但是，这种认识论研究改变了我们关于其性质的观念。宇宙不可能由不同数量的基本粒子来构成——这与给波动力学体系分配“粒子数”时所使用的定义体系是一致的。因此，我们绝不能再视其为关于宇宙的特殊事实了，而应当视其为自然规律中出现的参数，因而其本身是自然规律的一部分。

第五节

66 我必须尽力消除这样一种印象，即物理宇宙的客体性要素，由于在主体性的前进浪潮面前仿佛被逼入死角，现在只需要马马虎虎认可就完事大吉了。这种印象在物理学中已经存在，因为除了对随概括而来的材料以外，(狭义的)物理学对特殊事实并无兴趣。而其他物理科学，譬如天文学，并不如此排外，并且在某种程度上它们还恢复了这种视角。但是，由于物理宇宙日复一日地影响着我们，这种物理宇宙就不只是一堆自然规律而已，并且这些特殊事实对我们就像这些规律一样重要。因此，尽管只有通过这些特殊事实我们才能确定客观宇宙中的任何东西，这种观点绝不是空洞无物的。此外，它也不像决定论时代那样，这些特殊事实都被汇聚到某个单独的瞬间。在不确定性原理界限内，随着这些瞬间的逝去，它们永远在变化。

这些特殊事实部分地是主体性的，部分地是客体性的，其原因部分地取决于我们获得观察知识的程序，部分地取决于所要观察的东西是什么。要完全地区分这些主体性要素或者客体性要素，我们就必须考虑其规律；因为规律可能整体上起源于我们的观察程序，或者整体上起源于客观世界。人们可能对我们是否能完全地把客体性规律与主体性规律区分开来产生疑问，因为只有通过我们主体性的思维形式，这种区分才能给我们表现出来；但是，我们至少能探测到一种规律性，并认识到其起源是客观的，即使我们只能以主体性术语来描述它。

我们对自然规律面临着陷于混淆的危险——对它们实际上是什么和我们原初期望它们是什么，我们发生了混淆。为避免模糊起见，我将（暂时地）区分“自然规律”与大写的“自然规律”。大写 67 的自然规律的含义是这个术语具有其原初的意义——这个规律源于我们之外的世界本原，我们通常把它人格化为大写的自然。而自然规律则是指迄今为止我们在观察知识中发现的规则性，它同其来源无关。简而言之，自然规律是现在的物理实践中用这个名称所标志的东西。

我们将会看到，大写的自然规律是客观宇宙本身的规律。但是，所有被认识到的自然规律都是主体性的规律。这样一来，我们便在语言上出现自相矛盾，任何已知的自然规律都不是大写的自然规律。从效果上看，这些术语已经变得相互排斥。

无疑，我们还有一个出路。**如果**在物理学中人们**接受了**大写的自然规律（即使它已经被接受，也不是必然的），那么它就是一种自然规律。这又会使我提出一个问题：我们有任何理由相信，如果一个大写的自然规律——关于客观世界的概括——已经为我们所知，现在的物理学能够把它接受为一个自然规律吗？在我看来，只有在它符合我们所习惯的那种类型的物理规律时，它才能被接受。但是，这种类型是主体性规律的类型。我们在后面将要尝试，通过认识论研究来表明这种类型如何能从物理知识的主体性方面成长起来。这种类型正是主体性的品质证明。坚持大写的客体性自然规律一旦被发现,就会符合这同一种类型,我们可能形成的任何这类期望都是非常不切实际的。

我们千万不要试图预先提出那种我们通过预见大写的自然规律才能呼唤的规律性。假定我们预先知道这种类型的客观规律,就是在断定某种先验的客观宇宙知识,这是所有学派的科学思想都予以拒斥的。我们的系统化知识并非都是物理科学中使用的那类“精确”知识;并且在其他科学中,规律具有更宽泛的解释。迄今,只有在我们知识的纯粹主体性部分里,我们才发现所遵循的是那类**精确**规律。

68

也许有人会争辩说,虽然客观规律被发现时可以证明为是一种不熟悉的类型,物理学家为了与之相适应将会修正他们自己的观念。物理规律的类型已经不再是一成不变的了,今天所认可的这种类型的规律在经典物理学中是不会被接受的。如果在我们的知识中,其客体性部分的进步使得这种类型的扩大已必不可少,那么这将不是物理学第一次发生革命。这是一种可能性,然而还有其他可能的选择。这种主题一旦扩大,还会必然地保持那种物理学之名吗？先前的这些变化具有强制性;我们并没有唯一地因其领域过于有限而抛弃经典物理学,而是因为我们发现了其缺陷才抛弃它。但是,这里所提出的变化强加于我们并非由现在所包含的主体性知识处理的缺陷所致,而只是由扩大所造成的。把用来命名的物理学局限于它目前所占据的领域,并且把它看作是“物理学以外的”新发展,这很有可能是一种更为恰当的考虑。倘若如此,大写的自然规律就绝不可能是物理学的主题。

这听起来像是关于名称的诡辩,但却暗示着有可能真正重要的启示。它对我们的启发是，在研究客观世界时，一旦我们成功地取得进步，其结果就会与目前的物理学迥然不同，因此，没有任何特殊的理由期望还要称其为物理学。作为未来的某种发展，我们已经做过讨论，然而，它有没有可能已经出现了呢？在我看来，这种“已经被扩大的”物理学既包含客体性要素，也包含主体性要素，它就是**科学**；而那些客体性要素则存在于科学的非物理学部分之中，它们没有任何理由同区别于目前的物理学的系统化类型相一致。我们应当在生物学部分里寻找它（如果有一些的话），而生物物理学并不包含生物学；我们应当在心理学部分中寻找它，而神经 69 心理学涵盖不了心理学；我们也许还应当在神学部分里寻找它，而神学物理学涵盖不了神学。在我们的观察知识中，其客体性要素的纯粹客体性来源已经被命名，它们就是**生命**、**意识**、**精神**。

这样一来，我们便达到了同唯物论哲学相对立的观念论哲学立场。纯粹客体性世界就是精神世界；而在选择性主体论意义上，物质世界则是主体性的。

第五章 认识论与相对论

第一节

70

物理学词汇包括一些诸如长度、能量、温度、势能、折射率等等之类的术语，我们称之为物理量。相对论坚持认为，所有物理量都可以用某种可使我们通过实际实验来认识它们的方式来界定。潜能的定义一定能具体地说明决定潜能的方式。长度的定义一定能具体地说明测量长度的方法。

这种要求只不过是要承认，如果理论家和实验者共同合作，他们就必须以共同的语言来说话。在实验中，如果我们要求检验我们的陈述的真理性，他的第一个问题一定是："我如何才能承认你所说的东西?"我们给他的回答是它的定义。如果他能确证这个陈述的真理性，那么，只有在我们告诉**他**的语词意义上，他的证明才是有效的。保留陈述中语词的某种其他定义——某种非观察性的意义，这种做法是不诚实的，是我们对证明使用诡计时才会使用的手段。如果我们自己相信这两个定义指的是同一个东西，这同样是不诚实的，因为我们并没有把**信念**提交给实验去检验，因而这种信念没有得到证实。

在相对论出现之前,进步一直是朝向这种定义进行的。曾几何时,质量被定义为物质的量,然而当呈现给实验者的东西在形式上有所不同,譬如是羊毛和铅时,并没有给其任何指示,告诉他如何认识这同一个“物质的量”。结果,虽然那时人们不明白怎么回事,任何关于质量的陈述都不曾得到证实(除了限制于一种物质以外)。但是,后来根据可观察的各种惰性所界定的质量定义被定义所取代,并随着这个意义的改变,对陈述的观察性检验成为可能。在引入新的物理量方面,人们已接受这样的实践,即应当把这些物理量看作可由一系列测量活动以及作为其结果的计算来定义。如果哪些人把这种结果与在形而上学的存在领域内自娱自乐的某种存在的精神图画相联系,那么这些人就有危险了,物理学没有义务接受这种修正。 71

爱因斯坦在其相对论中做出的创新表现在,时间和空间测量中包含的物理量是根据这一规则而得出的。这种改革显然是必要的,因为我们需要实验者来证实我们关于距离和时间间隔的结论是否真实,就像我们需要他来证实我们关于温度或磁场的结论是否真实一样。长度的定义可以具体地阐明从观察上来确定长度的方法,这个定义实际上是人们最迫切需要的;因为当我们在任何实验中需要审查实际上能测量到什么时,几乎总是对长度的测量或者对空间的测量——温度计上水银柱延伸的长度、电流计上光点的移动、光谱图上的黑线移位,等等。

令人惊诧的是,这种创新竟然会遭到人们的反对,而且迄今这种反对声音仍然没有绝迹。有一种不合理的见解迄今仍然很盛行,这就是认为,那些参照空间测量的术语一定与以同样方式参照机械的、光学的、电磁的、热的和其他测量进行观察的术语没有关系。在相对论出现之前，在亨利·彭加勒的著作中有一段著名的72论述，经常在这种情况下被人引用：

> 如果洛巴切夫斯基几何学是真的，一颗非常遥远的恒星的视差将是确定的。如果雷曼几何学是真的，那么结果就会与此相反。这些结论似乎都是实验范围内的结论，人们希望天文学观察能使我们在这两种几何学之间做出决定。但是，在天文学上我们称为直线的东西只不过是一条射线的路径。因此，如果我们要发现否定性的视差，或者要证明所有视差都会高于一定限度，我们就应当在两种结论之间做出一种选择：我们要么放弃欧几里得几何学，要么修正光学规律，并假定光并非严格地以直线方式来传播。也不必要补充说每一个人都要把这个解决方案看作是更先进的。因此，欧几里得几何学对新的实验没有任何可担心之处。①

凡是引用过这段话的人，通常都忽略了其中的寓意。显然，这种寓意便是，关于视差的定义或恒星距离的定义一定不能留给纯粹的数学家，这些数学家的论断根据新的实验无任何可担心之处。在彭加勒时代，毫无疑问，理论家谈论的距离根本不是指任何具体的东西，因此，你可以自由地选择它们遵循欧几里得几何学，还是遵循非欧几何学。但是，实验家走着自己的路，他们测量的距离是

① 《科学与假设》，第72页。

某种非常具体的东西——要达到第七个甚或第八个有意义的数字。理论家和实验家所说的不是同一种语言。相对论提出了明显的改革，这样，那些幸福而幸运的日子就一去不复返了。现在，如果哪一位理论家做出关于星球距离或银河距离的结论，他对新的实验就会有恰当的担忧。我必须承认，一旦提出这样一种结论，我就会在一种新的实验结果将要宣布之时感到焦虑不安。我并非要必然地相信它。

第二节

长度或距离的定义以及相应的时间延续的定义是特别重要的，因为其他物理量的定义一般地是以已经确定的长度和时间延续为前提的，因而它们的意义一旦有任何模糊性，都会延伸到整个上层结构。如果长度是通过观察来界定的，那么，其定义就要留给纯数学家来完成，所有其他物理量也都将会受到纯数学病毒的感染。 73

长期以来，实验物理学一直由精确的长度确定活动统治着，它们所竭力遵循的各种原则都是在相对论出现之前确定下来的。这个实验物理学分支叫作度量衡学。因此，当在形式上有必要采用观察性的长度定义时，建立一种竞争性程序就不成其为任何问题了。这个定义对长度的测量程序一定会给出指令。对度量衡学家来说，这些指令简直相当于“继续进行”。

对有些科学家来说，把长度或时间间隔的定义处理为仿佛这些术语的意义可以自由地安排，这并非罕见。但是，对现在流行的这些术语采用这种态度简直是不合法的。一位科学家能弄清自己的著作中将要使用的这个术语迄今分别被使用的意义，也许他可以宣称自己已经尽了义务。但是通常的观点是，使用术语"白"来描述更为经常地被认为是"黑"的现象，这是应受谴责的；近些年来，论述运动学宇宙论的科学家引入一种实践活动，这种活动由于给长度和时间赋予的意义标准局不接受，虽说这也许算不上道德上的不正直，却造成了不必要的混乱。

74 在所有正统的物理学理论中，度量衡学的实践——或者更严格地说，它试图实现的原理——提供了这种理论的定义。因此，当实验家检验理论家时，保险的做法是两者所指的是同一个东西。

因此，使用相对论中的长度，我们是指度量衡家所指的意思，而不是纯粹几何学家所指的意思。在接受相对论原理时，物理学家把他的纯数学家情人撇在一边，抛弃了他们的媒人形而上学，同度量衡学结成荣耀的婚姻。我所担心的是，代表新娘一方的这些人容易怀疑他会不会完全同他的第一次恋爱一刀两断。某些论述相对性的著作看起来还有一点儿数学味。由于我不完全相信我的某些同事是清白无邪的，在这一点上，我必须只为自己来回答。我宣称这些怀疑是没有根据的。如果有时我使用纯数学，这只不过是自讨苦吃；我全力以赴的工作目标集中在这些数学背后所隐藏的物理学思想。数学是一种极为有用的表达和处理手段，然而物理学理论的核心并不在此：

欧几里得使得我的测量优美
但是克洛伊才是我的最爱

长度定义的关键作用是，它所说明的标准可以在任何地点和任何时间获得比较。度量衡学家不会去寻找一根具体的金属棒，例如巴黎的那一把标准尺，把它作为终极的标准，因为他们对其是否能保持永恒不变感到担忧。这个事实表明，他们脑子里有一个更理想的标准，可以与之做比较。所需要的是一个物理结构，这个物理结构不一定是永恒不变的，然而却是独特地**可以再生产的或可复制的**。方解石晶体的长度包含着 10^8 个晶格间隔，它能体现所要求的这种标准。如果经过说明把它定义为长度标准，就可以在最远的星系或者最遥远的宇宙时代加以复制。 75

且让我们考察一下，如何根据一般观点来考虑对可复制的长度标准加以具体说明的问题。显然，在这种具体阐述中，我们绝对不能使用长度，因为这会导致错误的循环论证。我们也不能用任何其他“维度的”物理量，因为它们的定义是以已经确定的长度、时间和质量标准为前提的。因此，这种具体阐述的量化部分必须由没有维度的量即纯数字来构成。例如，在上面提出的标准中，可由晶胞数来具体说明。如果我们愿意，还可以走得更远，通过纯数字，即相关要素的原子数，来具体地说明这种晶体的化学构成。

对物质结构的纯数字描述在量子理论中已得到详细阐述。这种结构被描述为是由一定量的原子核和电子构成的，而这些原子核和电子的排列，则是由量子数具体说明的。从观察的观点看，这样一种结构必然地是独一无二的；因为如果两种样本表明可观察物是有区别的，可以用之为证据，那就说明关于这种结构的现有理论是不完善的，为了对它们做出区分，还需要再引入一些量子数。

因此，对于我们的问题，可以做出这样的一般回答，即根据量子说明在实践上可复制的任何结构,都可以作为标准。所有这类标准都是等价的,与量子理论基本方程式中的长度单位 h/mc 具有确定的数率。

时间延续的标准可以同样的方式来界定。可由量子来说明的结构,其空间广延性可以提供这种长度标准;这个结构的时间周期性也可提供时间延续的标准。如果我们使用晶体的话,这种对应是最接近的。因为当观察这种四维中的结构时,周期性就是时间的晶体结构;而我们的两个标准则分别是这种晶体结构中已得到说明的空间点阵细胞数和时间格子细胞数。

76

如果再补充说,不管以这种方式所界定的长度标准是否真是所有时间和地点的常数,都不会出现任何问题,这种补充说明也许并非多余。这个问题表明,我们在头脑中有某种更为终极的标准(由"实在性"所产生),通过这个标准可以界定物理标准是否恰当。在物理科学中,坚持物理量必须同模糊想象的实在领域中预先分布的某种特殊作用相符合,这种概念并未得到承认;诸如长度和时间延续之类的量,只是为了简洁地描述现实的或者假设的观察测量,才被引入物理学之中的。

第三节

我们已注意到,为获得长度的定义,相对论不得不超出其自己的领域,否则它就寸步难行。正是物质的微观结构引入了确定规模的事物。由于我们主要是因考虑到我们的感觉器官的不精确性才把摩尔物理学与微观物理学相区分,因此,期望发现这种考虑本身十分完善是毫无道理的。只有在其基础达到了整个物理学的某个点上，我们才能使其在逻辑上达到完满。如果微观理论与其他理论相分离，它也是不能自足的。关于原子、电子、质子的物理量，即我们在微观理论中所谈论的东西，也必须予以定义，实验者才能对它们予以测量。但是，实验者实际上并不会对它们进行测量，即使在假设性的测量它们的实验中，原子、电子和质子也是无法想象的；微观物理学的各种陈述并不是要断定这类不可想象的实验的 77 各种结果。这些测量是以米尺、测微计、光谱仪——最终是以我们自己不精确的感觉器官来进行的。摩尔物理学永远对观察拥有最终的发言权，因为观察者本人是摩尔的。

摩尔物理学与微观物理学相结合的秘密——相对论与量子理论相结合的秘密——是“完整的圆圈”。它们并不像半圆一样从两端连接起来，而是从一个主干分出的枝杈。一般地说，我们是根据现在讨论的这个交叉点进入这个圆圈的，相对论在这里采取了量子论的长度标准。但是，由于相对论按照自己的轨道所取得的进步大于量子论按照自己的轨道所取得的进步，因而相对论已经探索了其他交叉方式，在这里它涉及宇宙常量和相关种类的物质。在这个交叉点上，量子理论之根已经扎到相对论之中，正如在其他交叉点上相对论之根已扎到量子论之中一样。只有在已经结合起来的相对论－量子理论（不要把这个概念同流行的“相对论的量子论”相混淆，后一个概念不公正地攫取了这个名称）中，我们才能把这个圆圈展示为整体。

由于不能使相对论完全脱离量子论，这便造成一种实际的优势，即保证了相对论中的长度标准与量子论中的长度标准相同。

这同一个终极标准也得到了度量衡学家们的认可,他们设法用镉光的波长或方解石的光栅空间来实现这个标准。因此,实践中的度量衡学家、相对论物理学家和量子物理学家在谈论长度或者距离或者时间间隔时,所指的都是同一个事物。这些人是完全一致的——除了运动学宇宙学家这位新手有不同看法以外,其他人的意见都是一致的。

78 通常会认为,某些自然常量,例如光的速率或引力常量,随时间延续会有所不同。除非对长度和时间延续的标准仔细地加以定义,否则,这类讨论便是无意义的;显然,事实上有些作者并未意识到关于这些标准的定义的性质,因此关于这个主题的许多讨论都大打折扣。不管任何人,只要提出基本的常量会有变化,那么,在其对自己的提议能够达到任何观察性确认或否认之前,他所面临的巨大任务便是重建理论和重新阐释观察性的测量结果。尽管我认为认识论方法的进步已使我们确信这些自然常量(除了我们任意断定的单位以外)是由我们的主体性观点所引入的一些数字,它们的值仍然能先验地加以计算,并在所有时间都有效。正因如此,我个人的结论是,坚持光的速率或者引力常量将会随时间而变化,并不比坚持圆周率 π 将会随时间而变化更危险。

让我们更为仔细地考察一下光的速率在真空中会随时间而变化这一论断中包含着什么意义。一个直接的结果是波长 λ 到任何光谱线譬如氢线的周期 T 的速率会随着时间而变化。现在对所有纪元而言,时间标准乃是某种由量子来说明的结构中的时间周期,长度标准则是某种由量子说明的结构中的空间延续。我们可以把这个结构看作是一种由量子来说明的状态中的氢原子,它是在这个状态中发射出所考察的这种光线的。由此看来，要么射出光线达到发射原子内在固有的时间周期的周期率会随时间而变化，要么发射光波达到射出光线的原子结构的空间规模的长度速率会随时间而变化。我认为，提出光速可变性的人并不明白，如果他们的话有任何意义的话，他们是指这种光线的周期同其来源的 79 任何相应周期具有恒定的关系——因而是由它们决定的；或者换一种说法，光的波长同其自身来源的线性标尺有恒定的关系。如果真是这样，就会涉及已经从现代量子理论中消除的原子结构概念，这种概念在我们现在的知识中几乎都不存在了。

第四节

到现在为止我们一直在考察如何明确地界定长度，但是却没有关注在需要极端精确时可能会产生哪些含义。一直以来，我们关注乔叟的故事中如何对那些店员进行陷害：

> 光靠论证不可能占有一席之地
> 需要实际行动你才能占有地位

如今这些论证仍然出现在科学杂志上，尤其是涉及遥远宇宙时期的长度和时间时是这样。例如，有人提出要通过对我们的时间测算方法的对数变换，来扩大非常难懂且令人不快的宇宙时间尺度：

让我们看一下如今这个地方是否可以忍受
或者使它如你所望不断变化

我们现在继续考察极端精确的问题。我们提出的由量子来说明的标准可以在最遥远的时间和地点复制，因而可以满足宇宙论的最大要求。尽管如此，它仍有某些局限。在此我要指出两个最重要的局限。

首先，这种由量子来说明的标准并未提供长度在强电子或强电磁场中的精确定义。这是因为在这个领域中，它不能严格地复制；在电磁场中，其结构不可能像没有电磁场条件下那样精确地具有同样的量子说明。对这个难题，我们通常徒劳地请求实际度量衡学家来仲裁；而他只能指出，在使用长度标准时，最基本的是要注意消除电磁场。但是，告诉正在磁场中研究这些现象的人，要其在做出任何测量之前必须先消除这个磁场，这是徒劳的。且让我们假定，他希望测量磁场中带电粒子的轨道曲率。他也许不会这么欠考虑，直接把这个标准应用于磁场；例如，他可能会拍摄这些轨道的照片，并根据这个标准来测量这些照片。然后，他一定会用理论的公式来计算，以便根据磁场外的这些照片的测量来推导这些轨道的曲率。但是，他如何来检验他的理论公式是否正确呢？只有在知道进行直接的测量会产生同样的结果时，才能证明这种间接的程序；但是，在这种情况下，由于这个标准是不可复制的，因此并不存在直接的程序，并且不能宣称已知这种间接程序正如非存在的直接程序一样，能够产生同样的结果。

因为没有先例可循，关注强磁场中的精确方程式的理论家可以自由地引入他自己的长度定义，唯一的先决条件是，在这个磁场趋向于零时，它会收敛于这种所接受的定义。这个自由有很多优势，至少提出了一打不同的引力和电磁场“统一理论”，每一种理论在长度定义方面都略有差别。它们全部是正确的——如果这种长度定义通过调整能适合于它们，它们就都是正确的。它们全都需要“由观察来确认”，因为参照在这个磁场外部做出的测量，或者在 81 这个磁场内部对这些测量做出修正（如果有的话），都是根据经过检验的理论来决定的：

创作部落抒情诗有多种方式

每一种方式都是正确的

但是，也许可以说，量子论最终不能精确地计算晶体标准在磁场中会有多大伸缩，或者如何对波长加以修正？这样，我们便只能对这种标准的变化做出修正。我担心的是，事情不会如此简单。即使量子论也无法计算尚未得到界定的量。毫无疑问，量子理论将会为我们找到某种修正，然而这只是意味着量子理论就像统一理论一样，能引入（或者会引入）其自己的传统定义。无疑，如果一种定义能把自己推荐给量子物理学家，其在最后会因不可抗力而流行起来，并且实际上这种事情由它们掌握也是合适的，因为正是量子理论给我们提供了原初的定义。但是，应当记住的是，虽然根据某种传统把通常的物理术语扩展到强场显然是必要的，无论我们采用何种传统，这些距离都是伪距离（同样对所有派生的物理量，包括对这种场本身的测量都是这样），因为它们缺乏最基本的度量衡长度概念的特征，即长度的相似性与物理结构的相似性应当保持一致。

第五节

第二个局限是这个标准一定是**短的**。长度标准只有在非常特殊的条件下才会起作用。

82 假定我们试图以长晶体标准来测量地球的直径，就像一根编织针穿过橘子一样穿过地球。众所周知，由于太阳和月球吸引潮汐升降的力量会吸引地球改变形状，长晶体同样也会受到吸引。一位实践中的度量衡学家在试图做精确的测量时，将会坚持在没有太阳和月球（以及地球）时进行，因为基本的预防措施是这个标准一定不能受到吸引。我们可以更为正式地表达这种反驳意见，即我们可以指出，这种吸引意味着晶体的结构不再有这个标准的定义中规定的规格了。

我们不可能永远消除引起这种吸引力的物体。如果我们要测量摩尔系统，我们不可能通过清除掉太阳而开始着手进行。因此一般地说，我们必须满足于短的标准，这些标准受吸引的影响成比例地减少。用这种短的标准，我们只能直接地测量短的距离。对于第一近似值，我们通过以短的部分来测量、加总并整合那些结果，就能决定长的距离。但是，要达到更高的近似，这种方法只能得出模糊的结果。这种模糊性通常被称为**非积位移**。

值得注意的是，有一种直接的观察性检验将会表明，这种长晶体棒已经不再有所说的那种结构了。例如，如果选定一个单独的折射晶体，这种吸引力就会由双重折射现象来表示。这个评价的关键是长度标准的不可复制性，以及我们因为它不能精确地界定非无穷小的距离，这个事实可以通过直接观察来发现，而不是根据我们的引力理论中关于潮汐涨落力量的知识推导出来的。这是至 83 关重要的，因为现在我们要用长距的非决定性作为引力理论的基础，而不是把它作为从这种理论中推导出来的结果。

为探究广大的区域，我们必须发展一种其中只有无限小的距离才是观察材料的度量描述体系。这是微分几何学的技术难题，对此我们在这里需要讨论。为简明扼要起见，我省略了对于时间的参照，而同样的考虑也适用于四维时空的世界。

由于未能从观察上或者以数学语言来界定长距，位移的不可积性是爱因斯坦引力理论的基础。根据通常的观点，引力是造成这种麻烦的原因；引力会产生张力，而张力则会把长度标准转变为无用的标准。但是，爱因斯坦的观点更接近于这个“麻烦”——位移的不可积性——是造成引力的原因。我的意思是指，在爱因斯坦的理论中，引力的日常表现被推断为位移的不可积性的数学结果。在此我不能进入细节，这种细节要求做大的处理；但是，其主旨是爱因斯坦已经表明如何定量地阐明这种不可积性，并且把这样引入的数字——即著名的 $g_{\mu\nu}$——用来测量干扰位移在其中是可积分的那些理想条件的影响。“引力场”是我们给这个影响所赋予的名字。正如有可能期望的那样，对引力场的这种系统说明已经发现比通过其效应之一来对其进行因果说明更为精确，这种效应曾引起牛顿坐在苹果树下时所给予的关注。

爱因斯坦的说明比牛顿的说明更精确；但是，当我们想到它就是那种张力,是由长度标准的两端因朝向太阳或月亮时下落的加速度不同所产生的时,我们就会明白,他们两人指的实际上是同一个东西。这种张力损害了它作为一个标准,挫败了我们直接测量整体的长度的努力。因此,我们不必吃惊的是,根据爱因斯坦的说明,可以推导出落体中更为常见的引力表现。

这是一个绝佳的例子,可以用这个方法来说明认识论研究已经在科学中带来了巨大的进步,并且想起这些重要步骤是值得的。如果物理学是要描述我们实际上所观察到的东西,我们就必须仔细考察其中使用的术语的定义,以便它们能清晰地指谓观察事实,而不是指谓形而上学的猜想。长度和时间间隔尤其需要仔细地加以定义,因为它们是几乎所有其他物理定义的基础。为了避免循环定义,关键是长度标准和时间间隔应当完全是可由纯数字来说明的结构的延伸。用这类结构作标准,我们可获得关于无限小间隔的定义(在不存在电磁场的情况下),但是我们不能获得关于长时间间隔的精确定义。因此,为了使物理学可以表达纯粹的观察知识,有必要发展出一种完全以无限小的距离和时间间隔为基础的描述事件位置的系统;我们由此可避免参照没有精确的观察定义的长时间间隔。这个依赖无限小间隔的定位系统是广义相对论的基础。在相对论中,长距一般地只是近似概念,不可能有精确的定义。[1]

一旦我们明白长度定义不包含长距离,因而并不包含位移的

---

① 这个日常定义的崩溃使这个术语只能留待研究者来处理,因而人们对远距离提出了各种各样的专业定义。但是关于这个术语的这些专业用法与此是不相干的。

可积性，那么可积性就成为一种要求辩护的特殊假设。人们不会 85 无端地接受假设。从这种时间测量的理性基础出发，我们可以发现这种引力现象会自动出现——除非我们有意地引入一种可积性假设来包含它——并且以这种方式，我们会立刻被导向爱因斯坦的引力理论。

第六节

我一直在不断地强调物理科学所描述的宇宙的主体性。但是，你可能会问，相对论认为它能深入到现象的相对的（主体性的）方面以外，能处理其绝对的方面，这是不是有夸大之嫌呢？例如，它表明通常时间与空间的分离是主体性的，这取决于观察者的运动，并且它取代了不依赖于观察者的四维时空。爱因斯坦理论揭开了遮蔽着绝对性的相对性的面纱，而我现在对现代物理学的说明则默许了部分地是主体性的宇宙，并且对其极为重视——爱因斯坦的观点与我的观点似乎难以协调一致。

有必要记住的是，进步已经持续进行了 30 年。相对论从一开始就像一把新扫帚，荡涤了它所发现的所有主体性。但是，随着我们的前进，主体性的其他各种影响已经被探测到，而且这些影响并非可以轻而易举地消除掉。尤其是，概率显然是主体性的，对于我们碰巧拥有的知识是相对的。它不但没有被扫除，反而被波动力学提升为物理规律的主题。

这些讲演中所指的主体性是产生于观察者的感觉器官和理智器官的主体性。不用改变这些器官，观察者就能使位置、速率和加

86 速度改变。这类改变将会在宇宙对他显现的现象方面产生主体性的变化；尤其是依赖于观察者的速率和加速度的各种变化要比在经典理论中实现的变化更加微妙。相对论允许我们移动(如果我们希望)关于观察者的这些**个人**特征的主体性效果；但是，相对论不会移动所有“好的”观察者所共有的这些**类**特征的主体性效果——虽然它有助于发现它们。

请注意这种个性，它不同于那种类特征即主体性，我们可仔细地看一下移去这种主体性之后会意味着什么。把宇宙看作不从任何特殊位置来观看的三维结构似乎并非特别困难；我假定我们在没有任何其他标准或者非加速度标准的前提下，能遵循某种样式来考虑它。或许非常不幸的是，它能非常容易地这样看或者似乎能这样看，因为从观察的观点看，这个概念是非常容易产生有害影响的。由于物理知识在所有情况下都必定是对观察结果的断定(现实的或者假定的)，我们难免要配备某种虚拟的观察者，并且假定他要做的观察在主体性上会受到其位置、速率和加速度的影响。我们能够达到的最切近的非主体性观点，尽管如此却是观察性的观点是，呈现在我们面前的是关于所有可能的虚拟观察者的报告，并且它们在我们的头脑中彼此转化的很快，以致我们可以把自身仿佛同时等同于所有虚拟观察者。为达此目的，我们似乎需要一个循环出现的大脑。

由于自然界并未给我们赋予循环出现的大脑，我们可求助于数学家来帮助我们。数学家发明了一个转换过程，这个过程可使我们从一个虚拟观察者的说明快速地转换为另一种说明。这种知识是根据张量来表达的，张量具有赋予自身的固定连锁系统，因此，当一个张量改变时，所有其他张量都会改变，并且每一个都会以确定的方式来改变。通过给每一个物理量赋予一类合适的张量，我们就可以做如下安排：当一个量为适应从虚拟观察者 A 到虚拟观察者 B 的改变而改变时，所有其他量都会自动地和正确地改变自身。我们只需要让一项知识通过其变化而变化——借助一种处理——就可连续不断地得到所有虚拟观察者的全部观察性知识。 87

数学家可以走得更远，他可以消除这种处理的转向。他把张量符号看作一种自身包含所有可能变化的符号，因此，当他观察张量方程时，他能看到其所有术语都在以同步的旋转方式发生着变化。这对数学家来说是司空见惯的事，数学家的符号通常代表一些未知的量以及未知量的函数；这些符号同时也是所有东西，直到数学家选择了具体说明了这种未知的量时为止。因此，他所写下的表达方式从符号上说同时也是所有虚拟观察者的知识——直到他选择了具体地说明某个特殊的虚拟观察者时为止。

但是，毕竟这个手段只是把我们称作循环出现在头脑里的东西转化为符号而已。可以说，张量能以符号来表达绝对知识，但那是因为它同时代表着所有可能主体的主体性知识。

这也适用于个体的主体性。为消除类的主体性，譬如说由于我们的智力器官，我们应当同样地必须把这种知识符号化，以便它可以被所有可能类型的理智同时把握。但是，这几乎不可能由数学转换理论来完成。而且如果真能完成，会产生什么结果？根据第四章的论述，如果我们消除了所有主体性，我们就会消除所有基本的自然法则和所有的自然常量。但是，毕竟这些主体性规律和事实碰巧对不具备循环头脑和可变理智的存在是重要的。如果物88理学家不对它们负责,其他人则没有资格对它们负责。

甚至在(某种有限意义上)讨论绝对性的相对论中,我们也会不断地返回到这种关系,以检验我们的结论如何会出现在个体观察者的经验之中。如今我们已经不再像我们20年前一样,渴望从我们的世界观中消除观察者。偶尔,我们也许会暂时地期望驱逐观察者及其对事物的主体性扭曲,但是,我们注定在最后还要把观察者请回来,因为他代表着——我们自身。

第六章　认识论和量子论

第一节

我仍然必须继续追问：我们究竟观察到了什么？相对论给出 89
的答案是——我们只能观察到**关系**。量子理论给出了另一种答案——我们只能观察到**概率**。

从认识论上来思考，概率这个概念非常特别，因为通常认为，关于概率的精确而确定的知识是关于某种其本身是可能性的粗略而不确定的知识。这似乎与我们关于知识是知识、事实是事实这种令人愉快的确信相冲突。概率通常被认为是事实的对立面；我们会说"这只是一种可能性，一定不要把它当作事实"。但是，如果量子理论的回答是正确的，那么"观察的确凿事实"就是可能性。我们的意思是指，虽然观察结果就其本身而言毫无疑问是事实，只是由于它能给我们提供某种有关其他事实的可能性的信息，它在科学上才是有价值的。这些只能通过概率而为我们所知的次级事实构成了物理学的各种概括所参照的材料。

我们可以假定，就当下的理论我们做出结论说，我们的测量只能决定经典物理学所描述的那些量和实体的概率时，这种理论是正确的；因此这种概率概念必然地会引入较新的观念与那些经典观念相比较。但是，也许不太明显的是，当我们试图为其自身的独立基础寻求提出新的观点时，概率解释是必不可少的。观察性测量的结果**有可能**被认为是一种关于经典物理学实体的模糊而不确定的知识；但是，这是否意味着我们应当抛弃这些经典的实体，并应当引入更为基本的实体，通过观察这些实体就能为我们提供精确而确定的知识的呢？这里的启示是，在这种新的物理学中，所谓概率实际上是真正的实体——是物理宇宙的基本材料。我们对**它们**具有精确的知识；如果我们假定在它们背后还存在着其他实体，我们的知识对它们一定永远是不确定的，那么，这种假定将是一种倒退。

我认为，这个观念支持着一种相当常见的观点，即恰当地重新阐述我们的基本概念，将会消除物理学体系中现存的非决定论。这个观念是说，这种新物理学所揭示的非决定论并非宇宙内在固有的，而是在我们试图把它与经典物理学所描述的陈旧宇宙论相联系时才会出现的。因此，概率只是把新酒倒入旧瓶之中的漏斗而已。

但是，这个观点忽略了现在这个物理学体系中存在的非决定论这一基本特征，即它只能不确定地预言的量是那些**当时机到来时**我们将能以高度的精确性来观察的量。所以，其缺陷不在于我们选择了对观察性知识来说不恰当的概念。例如，海森堡原理告诉我们，电子的位置和速度在任何瞬间都只能以相互关联的非确定性来了解；并且即使采取了最有利的结合，电子的位置晚一秒会不确定地大约有 4 厘米。这是根据我们在那时能够具有的最有可能的知识所做的预言的不确定性。但是晚一秒,这个位置就可能要以不足一毫米的不确定性来观察。人们经常争论说,不可能同时知道精确的位置和精确的速度只是表明位置和速度不是适合于用来表达我们的知识的概念。我对这些概念没有特殊的补充;并 91 且我将会承认,如果你愿意的话,可以把目前我们关于宇宙的知识看作是完全确定的(所谓不确定性是在把它翻译为不适当的概念体系中的概念时所引入的)。但是,这并不会消除"非决定论"(它与不确定性是不同的),即这种知识不管如何表达,都不适合于预测那些不依赖于我们的概念体系而在时机到来时能直接观察的量。

现在,我们再回到概率概念更为一般的方面。我们发现,不可能通过任何观点的转变而消除它。现在的物理学体系通过自己的方程式把未来的概率同现在的可能性联系起来了,我们不可能把这种现在的物理学体系改变为能把未来日常的物理量与现在的日常物理量相联系同时又不改变其可观察内容的体系。这种转变的障碍在于,这种概率不是一种"日常的物理量"。初看上去它似乎是一个这样的物理量;我们通过观察或者通过观察与推理的结合而获得关于它的知识,正如我们可获得关于其他物理量的知识一样。但是,由于同观察具有的关系独特的不可逆转性,它与这些物理量不同。观察的结果明确地决定着某些量的概率分布,或者决定着对先前存在的概率分布的修正;这种联系不是可以逆转的,并且概率分布并不能明确地决定观察的结果。对普通的物理量来说,做出一个新的决定和改变某种预言值之间没有区别;但是对概率而言,这些程序则是不同的。

因此,我们可以把量子理论的回答“我们只能观察概率”扩大92 到这种形式:构成理论物理学的知识综合由于概率概念中我们所熟悉的那种**不可逆的**形式关系而与观察是相关联的。

我们在后面(边码第96页)将不得不思考这些认识论的根据,正是这些根据使得理论物理学必然地以这种方式前进,而不是通过坚持对其内容具有可逆的观察关系的宇宙做详细阐述而前进。但是,现在我们只是把这种现代理论看作是后验地审查观察知识的结果,并力求理解其中展示的不可逆性的性质。

第二节

下面的例子将会有助于我们弄清与概率相关联的不可逆性。假设我们有两个相同的袋子A和B;袋子A中有两个白球和一个红球,袋子B中有两个红球和一个白球。我们从其中一个袋子中掏出一个球,发现它是白的。可以推知,这个袋子是A的概率是$2:1$。同样,若掏出一个红球,表明这个袋子是B的概率是$2:1$。现在,假定传给我们一个袋子,并且相关的信息是这个袋子是A的概率是$2:1$;那么,掏出一个球的结果将会是什么?可逆性将会要求这个答案确定地是一个白球;因为如果掏出的是一个红球,将会表明袋子是B的概率是$2:1$——与声明的信息相反。但是,这个答案当然是完全错误的;正确的答案是有可能是白球的概率是$5:4$。

且让我们假设这个袋子是A的概率是袋子A的属性。如果把某种观察程序应用于这个袋子(掏出一个球),那么,就可以用这

种程序来测量这种 A 的属性。在这个程序的两种可能的结果 x 和 y 中，x 表示 A 的属性有 2/3，y 表示有 A 的属性是 1/3。但是，如果把这个程序应用于已知有 2/3A 的属性的袋子，其结果就必然地不是 x。这与日常的物理量形成对比。如果我们要确定其 93 重量而不是确定 A 的属性，并且根据这些结果或者读数 x 和 y，我们就能分别地推论出重量 1 克和 2 克，那么，已知重量是 1 克就可给出读数 x 而不是 y。

也可注意到另一种对比。假定根据观察结果，我们已经决定了一个物理量的值 x。如果我们重复这个观察并获得了相同结果，那么，我们就可以把它看作是确定了值 x。但是，对概率来说则并非如此。通过掏一个球，我们确定了这个袋子 2/3 具有 A 的属性。如果我们重复地掏球并可获得同样的结果（即仍然是白球），而不是视之为一种确证，那么，我们就把值 2/3 改变为 4/5 了！连续掏出两个白球所表示的 A 的属性是 4/5。

为了表明同样的不可逆性也适用于概率，正像它实际地使用于现代物理理论中一样，我们可以把量子理论处理的概率波与声波相对比。根据波动力学，观察决定着或者产生着概率分布中的浓缩波包。这个波包根据体现在该理论方程中的规律而扩散；我们可以计算出这种波包在随后一个单位的时间内将要扩散到其中的形式。**但是，这种理论并不断言这是由观察在随后一个时间单位内产生的波包形式。**另一方面，如果根据由观察来决定的一个瞬间的声波形式我们能计算出它将要在随后一个时间单位内扩散的形式，那么，这个理论的整个关键之点就在于，我们能获得由观察在随后一个时间单位内所决定的形式。[①]

94 因此，除了概率的任何其他含义以外，我们可以在形式上把它与其他东西区别开来，视之为赋予某物的一个名称，这个某物与观察知识有关，与日常物理量有别，它是一种不可逆的而不是可逆的关系。不管我们在术语使用上如何改变，这个绝对的差别依然会存在，并且我们会看到，期望通过重新把概率命名为实体而退回到古典物理学中的某物，这种期望是不可能完成的。

如今，得到认可的全部物理学规律体系都同概率有关，我们已经看到，这种概率标志着某物同观察具有不可逆关系。作为计算未来各种概率的手段，这些规律构成了一个完全是决定性的体系；但是，作为计算未来观察知识的手段，这个规律体系则是非决定性的。不可逆性确保着我们虽然能把明确的观察知识置入决定论的机器之中，我们却不可能获得有关它的确定的观察知识。因此，就观察内容而言，现代物理学体系是非决定性的。

我们已经说过(边码第 10 页)，每一项物理知识都必须断定，若进行某一项特别的观察程序，将会产生何种结果。现在有必要补充的是，宣称只有一定程度的概率是一种高质量的论断。严格地说，应当要求裁判庭来决定的不是这个论断是否正确，而是它是否有它所宣称的那种概率度。然而，通常我们会服从观察检验的论断，这些论断声称具有非常高的"实践上确定的"概率。低概率只能给予某种统计学的检验。这意味着个别的低概率论断已由统

① 这种类似性由下列事实模糊了：我们把声波形式当作"由观察决定的"，而把概率波形式当作"由观察产生的"。这个术语本身的区别是对观察的可逆关系与不可逆关系的区别的认知。

计学的结果代替了，而统计结果具有很高的概率——其概率之高已经达到实际上是确定的地步——并且是由观察来检验的。因 95 此，这种裁判法庭只能用来裁断那些实践上宣称是确定的论断。

由于不能忘记每一项物理知识一定会断定这种观察程序的结果，我们必须探究这个观察程序是什么，因为其结果是在我们具有了一个所陈述事件的概率是 1/3 这种物理知识时所断定的。只有以任何方式同这种知识有关联的观察程序，才是上述统计学的检验，它是由决定同所宣称的那个特殊事件类似的一大类事件的频率所构成的。我们已经谴责过，当我们实际上检验的是不同的东西却声称是关于同一个事物的观察知识时，这种做法是不道德的。所以，这种统计学的断定一定不会被认为是从低概率的论断中推导出来的，而是会看作是解释了低概率实际上是指什么；这就是说，一定要把低概率的论断理解为断定了这种统计性检验的结果，虽然在词句上它似乎是指一个单独的事件。不管在其他思想部门概率可能会有什么意义，在物理科学中概率本质上是一个统计学概念；也就是说，它被**界定**为一类事件中的频率。

"概率"这个术语经常被用来指称我们的期望或信念的力量，这没有统计学的含义。当在这个意义上使用时，它不能构成科学论断的一部分，因为这种论断将会因此不能得到观察的检验。但是，它仍然可以用来限制作为整体的这个论断——描述我们的信心或缺乏信心，因而如果这个论断接受观察的检验，就会得到确认。重要的是，要把对这个术语非量化的用法同其在技术科学上用作观察上可决定的量区分开来。①

---

① 关于物理学中概率问题的其他方面，参见《科学的新道路》，第六章。

第三节

96 概率首次引入理论物理学是与热力学和气体运动理论相关联的，在近年来的发展中，这个概念的重要性越来越大，并且如今作为最基本的概念之一，已经牢固地融入物理学之中。我们已经看到，由于它同观察具有不可逆关系，它同其他物理量是不可分的。我们不可能通过我们思想的概念体系的任何改变而消除这种不可逆性。如果我们决定应当把它从物理学中予以根除，那么，唯一的方法便是抛弃现在的物理学体系，并重新建立一种新的物理学。这会使我们对这个难题的先验方面进行思考。如果我们思考观察知识得以获得和阐述的方式，那么，在哪个点上它会成为必然的或者具有偏向概率的倾向呢？答案并非如我们起初所料那么简单。表面上看，不使用概率概念而把观察知识阐述为是对宇宙的精确描述，仿佛不应当有多么难，而实际上要判定这种努力方面的缺陷绝非易事。

首先，有必要回顾一下一种默示的理解，即“观察”是指**良好的**观察。为了界定物理量，我们必须具体地说明一种程序，这种程序能给出关于它的良好测量。但是，我们现在不得不引入一种新观点。“良好的”在此并不是指“完善的”或者“完美无缺的”。使用**良好的**观察一词，我们在经验上并不是指**完美无缺的**观察。

这里的麻烦并不在于实际上我们所有的测量或多或少是不完美的。如果说现在的物理知识基础是完美无缺的观察，这一定是虚假的。但是，这只是一种形式上的批评，我们对此可能要想到，我们会恰当地遭到常见的关于观察中存在错误的理论的反对。如果物理学中的概率概念被界定为一种关于观察的错误的理论，那 97 么，这与我们在此关心的问题没有多大关系。但是，它却非常深入地探究到了物理学的根基。

当我们思考完美的观察定义包含什么意义时，这个严重的困难便会出现。我们所要求的不仅仅是完美的应用和完美的技艺，而且还有完美的条件——摆脱了起干扰作用的各种影响。为了完成这个定义，必须以观察术语来具体地阐述这些完美的条件。宣称所有起干扰作用的影响必须加以排除还是不够的；我们不能确定外部影响是否是完美观察的标准条件的干扰或者是其一部分，除非这种完美观察的标准条件已经被定义。

一位优秀的实验者通常会重新安排他所研究的该体系附近的事物。他会在它周围安上恒温器；他保护着它不受放射物质的影响；他会消除地球的磁场。这些是他做出的努力，以便能获得标准的**良好**条件。一位良好的观察家是有点爱挑剔的人，而一位完美的观察家则可能是令人难以容忍的人。为了他的标准的完美条件，他可能会想通过认知而重新安排恒星和改进宇宙。

奇怪的事情是，虽然做了完美的重新安排，这位完美的观察家却经常不能完成在良好的观察家看来是非常基本的东西。这里有一个简单的检验。可以要求他把1克0度的氢放入一个半径为5 cm的球形容器中，并测量其压力。那位良好的实验家将会毫无困难地完成这项工作；而那位完美的实验者，由于尝试了好几次，并且每一次获得的答案非常不同，最终放弃了实验，并宣称其中的压力是非常不确定的。其理由是，为了使该容器内壁表面不仅仅是一个良好球体，而且是一个完美球体，他消除了那些有用的微度 98 粗糙不平，而这些粗糙不平可消除气体放入时会产生的任何角动量。结果，在每次实验中，气体都会因任意旋转而滞留，因而测出的压力也就有所不同。在竭力获得完美的活动中，这位观察家只是获得了不确定性而已。

各种各样的此类**意外事故**在等待着这位独自工作的完美观察家；但是，如果另一个完美的观察家参加进来，与他共同做实验，其结果就混沌不清了。他们两个人中的每一个人，为了自己的实验获得完美的条件，都会坚持去掉另一个人安装的设备。那位观察长度的观察家会使这个宇宙变得平滑，因而任何不对称的影响都不会扭曲他的标准；而另一位观察角方向的观察家则会抱怨说，他的标志都被挪走了，因此宇宙变得非常对称，没有任何可辨认的点可以开始测量。

一个完美的观察家是一个令人讨厌的人，两个完美的观察家则会打架，三个完美的观察家则会把我们送到概率中寻找避难所。

虽然一个完美的观察家会投身于可给出主要的量或读数的原初观察，一大群完美观察家却一定会检验进行这种观察所依据的各种条件，以便在发现这些条件不完美时，有可能做出适当的修正。或许他们可能会有能力在不干扰原初观察者的情况下做到这一点；但是，作为完美的观察家，他们也会要求他们的测量具有完美的条件，并且这些条件一定还会由大量的完美观察家来检验。其结果便是一种完全的无序——观察者们竭力消除各自的仪器设备干扰相互的实验，全力以赴地使宇宙中的每一个粒子都来回应同时进行的半打检验。为了避免这种完全的惨败，我们必须满足于妥协，并少量地相信运气和测量。因此，我们便得到一个运气（概率）与测量相互联系的物理学体系。

众所周知的是，不同种类的测量相互干扰正是海森堡不确定性原理的根源，这是概率概念进入量子理论的认识论门径。 99

第四节

把“观察”运用于可更恰当地称之为“一项观察知识”的活动几乎是普遍的做法，这种普遍做法很容易引起哲学讨论中的混乱。例如，请考察对一颗恒星的明显光度的观察。如果要求我们陈述这种观察的精确性质，我们可以对光度测定程序给出一种说明，根据这种方法，达到的测量结果（譬如说）是 $11^m \cdot 42$。但是，这个结果本身不是一项观察知识，或者至少不是一个具有科学意义的值。我们预先已经知道，在大量恒星中某些恒星的光度几乎肯定地有 $11^m \cdot 42$。一项有价值的观察知识是，一颗**其特性有记载**的恒星，其光度是 $11^m \cdot 42$。得出这一知识的观察程序所包括的观察，对于确定这颗恒星以及测量星球的亮度是必不可少的。

在《物质世界的性质》中，我引入术语“指针读数”来描述这种精确观察的一般性质。[①] 不论我们说我们正在“观察”的是什么量，其实际的程序几乎总是终结于读出刻度尺上或者其相等物上某种指示符的位置。指针读数在严格意义上是一种观察；但是，其本身不能构成观察知识，它或许是这个词更为有用的意义。在《物

① 第 251 页；“每个人”版，第 244 页。

质世界的性质》中有一个相当著名的例子，其中在提到我们的观察
100 知识即“这只大象的质量是 2 吨”时，我把“2 吨”等同于这只大象站在称重器上时指针的读数；但是，认为这 2 吨质量是那只大象的质量，这种知识并不只是通过注意指针的移动而获得的。

更一般地说，我们必须认识到，一项观察知识所涉及的除了原初的指针读数以外，还涉及确认这个原初指针出现于其中的环境的次级指针读数。必须承认，即使是一种孤立的指针读数也是一种知识，但它不是科学方法所处理的知识。对科学知识而言，与其他指针读数相联系是一个基本条件；因此，我们可以把物理知识描述为一种与指针读数相联系的知识。

这种次级指针读数是原初指针读数(一般意义上)的“坐标”。例如，当我们要确定磁场的强度时，我们会把它与时间和这种确定所应用于其中的那个点的空间坐标相联系。因此，这个磁场强度是原初的指针读数，而在时间和空间中的坐标则是次级指针读数。但是，这些指针读数的链条并不会在此中断。还需要有第三个指针读数来确定所使用的坐标系统，并确定它的度量标准；但是，这些第三指针读数是所有参照坐标体系的知识所共有的，并且(与次级指针读数不同)不是由为每一原初读数而重新确定的。在使用一个系统的确认计划，诸如时空坐标系统方面，有相当大的经济性；因为否则就会有必要使用一种很长的指针读数回归来把原初的指针读数同我们的物理知识中的其他元素相联系。

在《物质世界的性质》一书中曾经强调，物理知识同指针读数
101 的关系有关，而不是同指针读数本身有关；并且做出结论说，指针读数的这种关系性，正如物理学规律所表达的那样，可提供实在问

题永远需要的共同背景——这种背景是由每一个别的单项知识不能重新确定的第三指针读数所描述的。但是,如果我在此可以冒险批评该书作者的话,其似乎没有领会我们在深思这种无限多样的指针读数时由参照指针读数所引起的困难。的确,这种参照在摩尔物理学中是可以忽略不计的(《物理世界的本质》一书中的讨论只限于这种物理学)。但是,在这种根本性的讨论中,把摩尔物理学与微观物理学割裂开来则是不合法的;因为我们已经看到(边码第 76 页),任何分支本身在逻辑上都是不完全的。

我们关于物理宇宙的定义是:它是物理知识以公式等来详细描述的世界。观察的干扰产生了一种困难,这种困难一定会在如下两种方法之一中出现。要么我们必须完全地描述这个物理宇宙,这样所体现的知识超过了我们关于它的知识的总体;这样一来,在这两种干扰性的观察方式中,无论我们选择采取哪一种方式,都会在这种描述中有其一席之地。要么我们必须采用一种**弯曲的**宇宙,这个宇宙所包含的东西无一不是由我们的现实知识所表示的(或者在这种理论讨论中,无一不是由作为所考察的那个问题的材料所提供的所谓假定的现实知识所表示的)。在第一种情况下,我们不能一致地假定所有项目的完美描述都可由现实的指针读数来表示;因此,如果说它的结构是一种指针读数的关联性,这不是真的。第二种选择是波动力学所采用的,它把由与它们相连的物理量的现实观察所创造的概率波看作是物理宇宙的主要特征。显然,根据我们碰巧对其具有的知识对可弯曲宇宙的研究与对这种知识本身的直接研究之间只是有一种形式的区分。每种选择都会使我们做出结论说,需要这种共同背景来把一种知识同其 102

他知识联系起来,而不是把外部宇宙的一个要素与宇宙的其他部分联系起来。

第五节

现在我们已经达到一个关键点,在这里可望清点一下我们的立场。下面的总结将会使我们回顾一下我们迄今为止所达到的主要结论:

(1)物理知识(根据定义)只包括可由观察来检验的知识;因此,一项物理知识必定会断定某种具体的可观察程序的结果。

(2)表达物理知识所使用的术语,其定义一定要保证满足(1)。尤其是物理量的定义一定要能具体地明确说明测量它的方法。

(3)严格地坚持(2)将会涉及对经典物理学的概念和实践的某些修正;并且在当前的量子理论中,实际上仍然有与经典物理学的明显冲突。如果根据这个观点来审视这些定义,就会出现如下第(4)到第(9)点。

(4)所要求的第一个定义是长度和时间间隔的定义,因为其他物理量的定义是以这些定义为前提的。长度和时间的标准一定是仅仅可由纯数字来说明的结构(因为在这个早期阶段不可能获得其他量的术语)。这意味着这些标准一定是可以根据一种量的说明来复制的。

103 (5)只有适合于测量时空中微小位移的短标准是由这种说明所提供的;并且绝对不能认为这样测量的微小位移是可积的。

(6)由于精确观察的相互干扰,试图从观察上来界定那些精确的条件，并试图根据这些精确条件来进行物理量的测量，这种企图已经破产。因此，对那些微小的细节，有必要任其自然发展。

(7)以这种方式，概率概念体现在那些基本的定义之中。它在观察与明确表述出来的观察知识之间引入了一种不可逆关系。这种不可逆性使得现存的物理学体系成为非决定性的，人们认为，它是一种预言在未来的时间里可观察到何物的体系。

(8)可以看到，在经典物理学中，阐述物理知识所使用的某些量的定义不能满足(2)。这些是不可观察的东西，例如，超距离的绝对同时性。

(9)其他在一定条件下是可观察的量一直被用于它们在其中是不可观察的条件之中。例如，相对坐标的定义假定了粒子是可分的，但是日常的相对坐标仍然被错误地用于有关不可分的粒子的问题之中。

(10)结论第(4)到第(9)是由思考获得和阐述物理知识的方式所达到的。我们把它们叫作认识论的或先验的结论，以使它们区别于通过研究以此方式所获得和阐述的观察结论所产生的后验结论。

(11)虽然这些认识论的结论是一些老生常谈性的结论，它们仍然在物理学中具有深远的影响。因此，绝对同时性的不可观察性(8)导致了狭义的相对论；位移的不可积性(5)导致了爱因斯坦的引力理论；以基本方式引入概率概念(7)导致了波动力学的方法。　104

(12)在其所产生的经过修正的理论中，认识论的原理发挥着先前由物理假定所发挥的作用，即由后验的研究观察结果所提出的概括。

(13)目前通行的相对论和量子理论,正如通常所接受的那样,还没有充分地利用这种认识论方法。如果对这些定义系统地应用认识论的审查,并且在数学上遵循其结论时,我们似乎能不依赖任何物理假设而确定所有基本的自然规律(包括纯粹数字的自然常量)。

(14)这意味着这些物理学的基本规律和常量从总体上看是主体性的,具有观察者的感官和理智器官对通过这些器官而获得的知识施加影响的标志;因为我们不可能有这种支配客观宇宙规律的后验知识。

(15)这并不是要提出物理宇宙从整体上说是主体性的。除了“自然规律”以外,物理知识还包括数量巨大的关于我们周围的特殊客体的特殊信息。这种信息毫无疑问部分地是客体性的,同时部分地又是主体性的。

(16)这些主体性规律是概念性的思维体系的结果,而我们的观察性知识通过我们阐述它的方法,已经强行进入这种概念性的思维体系之中。并且这些主体性规律既可以通过检验思维体系而先验地发现,也可以通过检验强行进入其中的现实知识而后验地发现。

(17)物理学基本规律特有的形式是带有主体性的印记。如果105 还有一些规律具有客观的起源,那么可以预料,它们将是不同类型的规律。似乎有可能的是,不论哪里会出现这些客观的支配性效果,都可以把它们看作是“物理学以外的”某个主题,例如,有意识的意志或者可能的生命的标志。

(18)认识论的规律(如果正确地加以推导)是强制性的、普遍的和精确的。由于物理学的基本规律是认识论的,因此,它们具有这种特征——这与科学哲学中通常提倡的观点相反,后者假定它们只是经验上的规则性。

以下四章将要致力于更加集中地研究第(16)中所提到的概念性的思维体系。这将会更加直接地表明这种主体性因素进入物理科学的方式,并且有助于证明我们赋予科学的哲学体系的"选择主体论"这个名称的正确性。

第七章　发现还是制造？

第一节

106　大约270年前，在这个学院（三一学院）做了一个具有历史意义的实验，所设计的这个实验是要探究白光构成的本质。在我读本科时占主导地位的教科书中，对这个发现的说明是这样写的：①

> 人们仍然认为，光的每一种折射实际上都会产生颜色，而不只是把已经存在于普通的白光中的颜色区分开来，但是在1666年，牛顿对于太阳光中实际存在的各种颜色做出一个重要发现，表明了太阳光不过是各种颜色的混合，它们以某种比例相互混合在一起，通过任何种类的折射都可以把它们区分开来。

要研究太阳的白光实际上是各种颜色的混合物，似乎并不是

① 《光的理论》，普勒斯顿出版社，第二版，第9页。

一件难事。但是，假定我们不是让一个听话的学生来证明这一点，而是让一位巫师来证明，这位巫师对我们所做的一切同样表示怀疑，因此我们应当把采用他的结论时首先进行探究看作我们的责任。我们使用分光镜开始我们的工作——棱镜分光镜最容易使我们想起牛顿，但是，我们碰巧有一台光栅分光镜，并且不值得再去换它。我们让一束太阳光落在这个仪器的一端，并邀请这位巫师把他的眼睛放在另一端。他会吃惊地看到一束明亮的绿光，而我们可以告诉他，这束绿光是分光镜从呈现在白色太阳光中的其他颜色中分离出来的。带着满腹狐疑，他会仔细检查这个仪器的每一个部件。他猛然抓住一个小零件，上面有数千道平行的划痕。107 他突然明白这是怎么回事了。光线倾斜地照过来，在这些平行线上发生了反射，但不是同时反射，而是一个接一个地反射。这样一来，一条入射光线由于反射到数千条有规则间隔而来的光线之中，它自身就被增强了。显然，这样安排会造成独特的频率，我们的眼睛把这个频率看作是绿色。他认为，断定这种绿色（即绿的频率）在阳光中已经存在，这种观点是虚假的；为产生这个绿色频率，我们在仪器之中隐藏了一个装置，我们希望他不会发现这个装置。这位巫师满怀信心地走开了，他相信自己揭示了一个笨拙的骗局。

通过使用一个光栅，而不是一个活动方式更为神秘的棱镜，我们放弃了这个演示。正如上述引文所提到的那样，在牛顿之前，认为颜色实际上是由棱镜产生的，是非常流行的观点。因此，牛顿的研究，就其实质部分而言，是一系列被认为证明了棱镜并不会产生颜色而只是把颜色分开的实验。这些便是我们打算让巫师看到的东西；但是，现在把它们演示出来是没有用的。用光栅进一步做这些实验同用棱镜做是一样的；棱镜能证明什么，光栅也能证明。用它们来支持在光栅的情况下我们认为是不真实的结论，这也是无用的。

在我看来，如下情况并非不可能：即使专家在今天也有可能会陷入这个陷阱——这正是历史经验的魅力所在。专家确实知道得更多更透彻，但是，一个人并不会永远在有需求时想起自己的知识。这种立场已经由雷利（Rayleigh）和舒斯特（Schuster）阐述得很清楚了，并且实际上通常这已成为光学教学的一部分。白光，例如太阳光，是一种相当不规则的干扰，没有任何频率倾向。但是从数学上说，我们能够把任何干扰——不管它多么不规则——分析为频率的谐波总量；并且如果我们愿意，我们还能够把这种干扰想象为是由这些谐波成分构成的。不论分光镜是否能把一种特殊的频率做出分类，或者是否能传送它，这只不过是一种表达方式的问题。这种"分类"的观念是合适的，因为在相应的谐波恰巧失去时，分光镜不会传送光的这种特殊频率；并且事实上太阳光谱表现出一些黑色光线，白色光线在这些黑线里不会传送相应的频率，这是因为某些谐波在到达我们之前已经从这种光线中移出。但是"传送"频率的观念仍然是合适的；因为我们不应当期望传送会使用不合适的材料，并且这种谐波分析可能被看作数学家的最初检验，即看一下这种材料是否会承担这种传送。当使用一种光栅时这尤其适合，因为"传送这种频率"此时是对这种做法清晰明白的简单陈述。

108

其错误并不在于说一种绿色成分已经存在于太阳光之中，因为在任何情况下那都是合法的思维方式;而是在于宣称我们能够通过实验而在两种同样允许的描述形式之间做出决定。并且,由于我们的疏忽大意,碰巧发生的情况是:我们谴责的这种描述形式比我们致力于保护的形式更为自然和恰当。

我们已经认识到,自然界的白色光线是相当不规则的干扰,它的规则性是由我们对它进行的分光镜检验而产生的。这种认识是物理学家出现的第一种不安的标志,即物理学家对于在我们的实验中我们是否可以不进行干扰,以便不至于摧毁我们正在努力研究的东西感到不安。这种不安在现代原子物理学中变得更加严重,因为我们没有任何恰当的工具能够在不对原子进行大量干扰的情况下探究原子。

我打算提出的问题是——我们能发现多少以及通过我们的实验我们能制造多少?当卢瑟福公爵向我们说明原子核时,他是**发现了**原子核还是**制造了**原子核?在这两种情况下,都不会影响我们对他的成就的敬仰——只是我们更应当知道他做的贡献是哪一种。这个问题很少有明确的答案。它成为一种表达方式问题,诚如分光镜是发现了还是制造了它向我们显示的绿光问题。但是,由于大多数人有可能具有的印象是卢瑟福发现了原子核,我自己将会提出的观点是他制造了原子核。 109

第二节

量子理论专家强调我们的实验对我们所研究的客体的**物理**干扰的倾向或许比我走得更远。可以说,这种实验把原子或者辐射转化为我们测量出来具有哪些特征的状态。我将称此为强迫性处理。诸位或许还记得,有个故事讲到,一位开黑店的强盗普罗克汝斯忒斯(Procrustes)会把他的客人拉长或缩短一些,以使客人适合他所建造的床。但是,这个故事的其他内容也许你闻所未闻。在客人第二天早晨离开饭店之前,这位强盗对客人做了测量,并给阿提卡[①]人类学学会写了一篇学术论文"论游客身材的不一致性"。

然而,这种身体上的暴力并非真正的关键所在。从理想上说,这种实验有可能会一直等到他的实验条件自然发生,正如那些观察性科学中的人不得不做的那样。由于使白光穿过了分光镜,我们就严重地干扰了白光的不规则性;但是,太阳光偶尔也会不用我们帮助而通过缝隙照在一个自然晶体上,形成光谱。这些标准的条件有时会在无人干预的情况下出现,能把无目的的测量转化为对科学归纳有用的良好测量。但是,就物理理论而言,我们究竟是**创造**了还是**选择**了我们研究的这些条件,这是无关紧要的。不论观察者的干扰是物理性的还是选择性的,在其产生的结果方面并未显示出有多少不同。物理理论以之为基础的这种观察并不是对我们周围事物的随意关注,也不是用量杆进行一般的旋转。在"良好的"观察一词的掩盖之下,已经巧妙地藏匿着普罗克汝斯忒斯之床。

这种干扰能达到何种程度?我认为,对此不可能预先设置任何限制。关键是要记住,实体概念在基本的物理学中已经不存在

110

① 阿提卡(Attica)是古希腊一个地方的名称。

了；我们最终达到的是**形式，即：**波！ 波！！ 波！！！ 抑或换一种说法——如果我们借助于相对论——是曲率！ 由于能量是守恒的，可以把能量看作是实体的现代继承者，在相对论中能量是一种时空曲率，而在量子理论中，能量则是一种波的频率。我并不是说这种曲率或者这种波是在严格的客观意义上使用的；但是这两种理论，就其努力把已知为能量的东西归结为一种可理解的图画而言，都可以找到它们以"形式"的概念所能得到的东西。

实体（如果有可能把它保留为一个物理概念）可能会对观察者的干扰产生某些抵制，但是，形式上了他的当。如果有一位艺术家提出一种奇异的理论，认为有一个人头的形式存在于一块粗糙的大理石之中，情况会怎么样呢？我们全部的理性本能都是以这样一种人类学思辨所激发起来的。不可思议的是，大自然竟然会把这样一种形式放在这块大理石之中。但是，这位艺术家通过实验证实了他的理论——而且使用的还是相当原始的设备。只用一把凿子，便为我们的探究分出了这种形式，他成功而得意地证实了他的理论。卢瑟福是不是也是以这种方式把他的科学想象所创造的 111 原子核变成了具体的原子核了呢？

不要因为把原子核想象为一种台球而被误导。我们宁可把原子核想象为波的系统。诚然，"原子核"一词不可严格地应用于波（参见本书边码第51页"电子"），但是，把原子核说成是"被发现的"，同样是不严格的。这个发现并没有超出表示我们关于这种原子核的知识的波。

这位雕塑家的方法与物理学家的方法有什么实质性的不同吗？后者有一种和谐的波形式概念，这种形式是他在最不可能的地方所看到的——譬如，在不规则的白光中看到的。他是用光栅而不是凿子，把这种形式与白光的其他部分分开，并呈现给我们的探究。正如那位雕塑家把粗糙的大理石块分为一尊半身像和一堆碎片一样，这位物理学家把不规则波的干扰分为一种简单的和谐绿波和一堆零散的其他散光。用傅里叶分析法和其他得到认可的分析方法，物理学允许并实践着把形式分离为组成部分的活动。如果我们能设计必要的工具，因而能通过其自身来展示我们所选择的形式，那么，物理学允许我们选择一种**我们自己**所描述的形式，并把其他东西当作我们可以消除的污染物。在每一个物理实验室中，我们都可以看到精心设计的工具，人们在用这类工具从事雕塑家的工作，这是根据物理学家的设计进行的。偶尔，这种工具会出错，雕刻出某种出乎我们意料的奇形怪状的形式。此时，我们的实验便有了一种新的发现。

即使有一种界限存在，我们也很难看到这个界线在哪里。问题不只是关系到光波，因为在现代物理学中，形式——尤其是波的形式——是万物的根源。如果不能划出一条界线，我们就会令人担忧地想到，物理分析家是伪装的艺术家，在所有事情上都掺杂了112 想象——并非常不幸地未能在具体形式上完全避免实现其想象的专门技术。

有一个事例可以表明，严重的实践问题已经产生。如今核物理学家正在撰写大量的论文，讨论叫作**中微子**的假设性粒子，人们假设这种粒子可以说明在β射线崩溃时所观察到的某些奇异事实。充其量我们或许可以把中微子描述为分离的一片片旋转的能量。我对中微子理论并没有多少印象。以某种通常的方式，我可能会说我不相信中微子。[1] 但是，我不得不深思物理学家可能就是艺术家，并且你绝不会知道在哪里你和艺术在一起。我的那种旧式的对中微子的不信任几乎已经足够了。我敢说，那些实验物理学家并无足够的独创性来制造出中微子吗？不论我可能怎么想，我都不会受到诱惑，根据它是违背理论的真理性的印象，下一个违背实验者的技术的赌注。如果他们成功地制造出了中微子，或许甚至能对它们开发出工业上的应用，我想我将不得不相信——虽然我仍然会感觉他们玩得不公正。

这样，下列问题便产生了：这位实验者是否对通常所设想的理论家的想象真正地提供了一种有效的控制呢？的确，他是一只不易被收买的看家狗，不会允许任何观察上不是真的东西通过。但是，这样做有两种方法——正如开黑店的强盗所做的那样。一种方法是揭示论断的虚假性，另一种方法是对事物做一点改变，以便使这个论断成为真的。并且人们公认，我们的实验**确实**改变了事物。

113 我的行为一直像一位极端观点的提倡者，假定诸位的自然偏见与此相反。我现在必须尽力恢复法官的姿态。我认为，这位数学物理学家的分析性想象至今仍然没有发展为那位艺术家无拘无束的想象。他是在根据某些规则玩这个游戏，而这些规则初看上去似乎是任意的，却表达了深入人类思想根源的认识论原理。对

---

① 无疑，除非对旋转问题达到更为真正的理解，在中微子问题上最好是设法维持下去，而不是对它们会遇到的困难视而不见。我不反对把中微子当作一种权宜手段，但是我并不指望它们能幸存下来——除非像本段中指出的那样，幸存在整体上并不是一种内在价值问题。

此我马上就要加以讨论。但是，我们能保证这些规则在所有时代都有效吗？一个小孩若是粗暴地打破了游戏规则，可能会受到同伴合适的惩罚，也可能会成为英式橄榄球之父，受到人们的纪念。一个人若制造出了中微子，即使他超越了规则，也不会遭到惩罚，人们会因为他把物理学从其有用的发展障碍中解放出来而称赞他。

然而，我们关注的是当下物理学的特征，不是它在将来有可能会成为什么。我们现在就要进入一个非常广泛的讨论主题，即规则的性质及其起源，正是它们把物理学家的方法同艺术家的自由想象区分开来了。

第八章　关于分析的概念

第一节

在介绍主体性选择时(边码第 16 页),我把其归因于在获得观 114
察性知识时所使用的“感觉和理智器官”。把**理智**器官包含在内可能看上去令人吃惊。很容易看到我们的感觉器官具有选择性效果——我们关于外部世界的知识,其性质和程度一定主要地是由其与意识相沟通的通道所决定的,是由我们的感觉器官所提供的。在大脑内部,对于由感觉器官传入的材料是否还有进一步的选择在起作用,人们还不清楚。

在我看来,人们必须承认的是,所有那些因感官刺激而进入意识的东西都是同一类知识。如果不知道我们在认知,我们是不可能有认知的,因此,感知暗含着“对我们的感知本身的知识”。但是,我们在这里关心的是**物理知识**,即是对通过物理科学方法所获知识的简称(边码第 2 页),而对我们的认知**本身**进行的内省审查则并非物理科学方法的组成部分。只有当我们把我们的认知互相联系起来,智力活动才会开始。这项智力活动产生的结果是合成认知,并且形成与个人认知本身的知识有所不同的知识。与感官知觉相关联的知识，比如闪电之后有雷声的知识，是科学的开端。当然，早在人们尝试对我们周围正在发生的任何事情进行研究之前，就已经运用了物理科学方法的基本原理，甚至对现象的最朴素的理解也不但包含着感觉，也包含着常识——也就是说，不但包含关于意识的纯粹感觉活动，也包含着关于意识的智力活动。

在指出获得观察性知识意味着已经超出用基本的注意感觉进行观察时，我们已经注意到了物理知识的这种智力上的专门性。我们已经看到，对于精确的科学发展，需要的是对确定的量进行良好的(尽管不是完美的)观察。这与被动地接受感官印象有很大差距，并且正是在这个差距中，我们的智力器官的选择性影响就有了用武之地。如果我们考察“客观事件——知觉——物理知识”这一顺序，这里存在着双重筛选，首先是通过我们的感觉器官，其次是通过我们的智力器官。根据目前的认识论处理方法，我们是从知识开始的，这样顺序就颠倒了，首先考虑的是智力筛选。

在分析这种智力活动时，我将使用“思维形式”这个短语；或者当这种形式在某种程度上比较复杂时，则使用“思维体系”一词。我们也可以把这看作是一个预先确定的形式或体系，我们通过观察所获得的知识与之相符合。例如，一种具有深厚根基的思维形式是那种把通过观察获得的知识阐述为对世界的描述的知识形式。每一项物理知识都符合于这种思维形式，并被认为是描述宇宙的事实。这种形式已非常流行，因而与感官知觉毫无关系的知识也常常被迫采取这种形式，并且被当作描述非物质世界——精神世界的事实。我认为，赞成使用或反对使用这种思维形式的理由在各种情况下难分高下。无论我们理解任何事情，都必须以我们的智力器官所提供的方式来理解。

认识论的研究方法会引导我们研究这种思维形式的性质，因 116 而也会警告我们它对被迫使用这种形式的知识所产生的影响。我们可以**先验地**预见包含在这个体系内的任何知识将会具有的某些特征，这只是因为这种知识包含在这个框架之内。这些特征将会被使用这种思维体系的物理学家**通过经验**而发现，此时他们会审查被迫使用这种形式的知识。开黑店的强盗再次出现！

这些可预见的特征绝非微不足道，它们是物理学家煞费苦心地通过观察和实验而确定的规律或数值常数。我们可以质量随速度增加而加大的法则为例，这个规律是许多著名实验的主题。现在已经认识到，这个规律是由根深蒂固的思维形式自主形成的，这种思维形式把四维的事件秩序分为三维的空间秩序和一维的时间秩序。当在一种思维体系中所阐述的知识迫使我们把时间维度从其所属的四维秩序中分离出来时，一种叫作质量的成分相应地也从它所属的四维矢量中分离出来；而要想看到这种被分离出来的成分是如何同表示速度的其他矢量发生关系的，并不需要对分离的条件做深入研究。当我们通过实验确定了质量随速度变化而变化时，重新发现的正是这种关系。

在某种意义上，相对论的观点使我们从把时间维度与四维秩序的其他部分分离出来的思维体系中解放出来；质量随速度而变化的规律本应从物理学中消失，因为它所指涉的概念与被抛弃的体系有关。在新的思维体系中，与之相对应的事实显然是一个显而易见的事实，根本不必要分别来谈。但是，浏览一下现代物理学 117 著作就会发现，这个规律并未消失；并且其重要性就如同实验者把最高技能应用于从经验上来确定这条规律。真正的立场是我们通过相对论观点“看穿了”这种思维形式，然而我们实际上并未抛弃它——除了在专门的研究中暂时地抛弃了它以外，因为在这种专门研究中，其被歪曲的观点会成为障碍。因此，质量随速度而变化的规律仍然作为科学结论而存在，并且这种结论也绝非无关紧要。检验是否重要一定要根据在我们真正理解其性质之前，检验其结果是否重要。即使从一顶帽子中生产出一只兔子，如果你知道是怎么回事的话，那也是微不足道的现象。

要把一种特殊的思维体系具体地阐述为盛行于当今物理学界的思维体系，这是不可能的。在任何情况下，我们都必须把符合现代理论前沿的思维体系与能给我们提供大多数词汇的思维体系区分开来。后者或多或少等同于对我们周围事物常见的理解。但是，即使是常见的理解也并非一以贯之地坚持任何一种思维体系。例如，从摩天大楼顶部俯瞰，我们看到下面大街上有许多小物体在走动。认为这些物体是正常人的身高，只是由于距离远才看起来小，这种推论并非直接的理解，而是对我们所理解的事物的解释。但是，对于离我们近的物体，这种科学体系就成为常见的体系。当一个人在房间内从我们身边走开时，我们不会“看到”他变小。我们看到的是，或者认为我们看到的是，一个恒常尺寸的物体在改变着与我们的距离，只有努力通过回想，我们才会使自己相信那个视觉影像变得越来越小。

当普通的思维形式不再控制我们时，由于运用这些思维形式为我们服务是物理学技艺的一部分，我们几乎不能准确地说它们已经被抛弃。最好是说物理学的进步已经将我们从某些普通的思

118

维形式中解放出来。我们使用这些思维形式，但我们不会被它们欺骗。

第二节

现代物理学理论已经把我们从一些传统的思维形式中解放出来，这正是它们为什么非常具有革命性的原因之所在。这是物理学进步的终结吗？抑或在我们的观点中，仍然存在着未来的物理学家能成功地加以摆脱的其他妨碍物理学发展的思维形式吗？如果是这样，这种解放还能无限地继续下去吗？抑或是正在接近一个极限，在这个极限范围内，这些幸存下来的思维形式只是思维的必需品吗？

我们要审查的思维形式是一些根据科学的观点看尚未受到挑战的思维形式。我们对“思维的必需品”这个术语表示怀疑，因为科学思维已经习惯于在没有所谓必需品的情况下增长。但是，无论是否有必需品，我们要讨论的这些思维形式都对我们有控制力，它们似乎比任何我们迄今为止所抛弃的思维形式都无比强大。

在我看来，对科学观点来说，在所有思维形式中最根本的是**分析的概念。**它是指一个整体可以分成不同部分的概念，这样一来，各个部分的共同存在就构成了这种整体的存在。在正式的定义中，我不应该使用“存在”这个词，因为它所指的是可能比分析的概念更不基本的概念。但是，在谈及你们自己的思维形式时，并不要求使用正式的定义。我的描述已经足够你们认识我所说的形式，这就是所需要的一切。

我必须强调的关键一点是，我所指的是**各部分的集合**概念，而
119 不是关于**一个部分**的个别概念。在分析的概念中，一个部分往往是指由各部分构成的一个完整集合中的一个成分，其意义与其所在的分析系统密切相关。如果有必要，我们可以用“成分”这个词来表达一个部分与分析系统之间的这种关系，但是对于目前的一般应用来说，这样做可能太具有数学术语的味道了。

初看上去，我坚持一个部分一定往往与可分析为由诸部分构成的完整集合相联系，这种主张似乎是例行手续。如果不是指对身体各部位进行系统的解剖，我们可能会承认头部是身体的一部分。为了满足对分析的概念的正式要求，我们可以说，头部是与某种分析系统有关的身体的一部分，根据这种分析系统，可以把身体分为两部分，即头部和身体的其余部分。但是，由于这种方式适合于武断地选取任何事物的一部分，提到分析系统就成为同义反复。

要说明我们为什么必须从由各部分构成的一个完整集合的概念出发，而不是从显然更简单的单一部分的概念出发，我必须问一个问题。一只桶上的桶孔是这只桶的一部分吗？仔细考虑一下之后再回答，因为理论物理学的整体结构正在危急状态中摇摇欲坠。

假设对这个问题的回答是肯定的，那么，这只实际的桶就要被认为是由一只无孔的桶和一个孔共同组成的——即一个密闭的木结构与一定负量的木头共同组成了这只桶。这种表达是否是绝对真理并不是问题，问题是这种思维形式是不是我们允许自己使用的思维形式。根据这种思维形式，其各组成部件之一，即那个无孔的桶，大于整体。欧几里得朴素地认为“整体大于部分”，但是欧几里得并不熟悉现代物理学。

我们的回答使“部分”一词本身变得毫无意义。无论 A 和 B 代表什么，A 总是 B 的一部分，因为我们的思维形式允许把 B 划 120 分为两部分，即 A 和 $B-A$。因此，“部分”一词只能在用于指与分析系统有关的部分时才有用，一个部分的全部意义与其所存在的分析系统有关。说 A 是 B 的一部分是毫无意义的，但是，说 A 是存在于适用于 B 的特定分析系统的诸部分之一，却是有意义的。

接下来，假设我们坚持欧几里得的公理，并断定木桶上的孔不是该木桶的一部分。对这一观点所持的反对意见是，这种观点早已不是物理学使用的思维形式了。我认为，这个观点实际上是两个概念即分析概念和实体概念的混合联想。实体概念引入一种清晰的正负区分，这样我们便有了一个有限形式的分析概念，我们可称之为实体分析。根据这种实体分析，分析系统只局限于那些可提供完整的一组正的部分的系统。当这种分析系统同实体（或者某种结构上对等的概念）无关联时，例如当它与波的形式有关联时，就不能施加这种限制。在光学中，黑暗被认为是由两种干涉光波构成的，光可以是黑暗的一“部分”。在傅里叶分析中，其成分部分地以正量和负量方式相互抵消。因此，尽管在物理学中可能有把分析应用于根据定义本质上是正量的实体情况，并且在这种情况下，实体分析的局限会发生，然而，现在我们视其为特殊应用中偶然的局限，而不是基本的分析概念的一部分。

正电子的例子确定地表明，分析概念的一般形式就是物理科学中所接受的这种形式。一个正电子就是去掉一个电子之后所形成的洞，如果给其插入一个电子，它就是与周围抹平的一个桶孔。121 但是，如今根本不能以这种方式来定义“部分”，以使电子是物理系统的组成部分,而正电子则不是其组成部分。

诸位读者将会看到,物理学家给予自己的自由度比雕刻家还要大(边码第111页)。雕刻家只是去掉多余的材料,以得到他想要的形式。而物理学家则更进一步,在必要时添加材料——他称这种做法为去除负的材料;他可填补桶孔,说他是在去除正电子。但是,他仍然宣称自己只是在显示——挑出——已经存在的事物。

我要再次提醒读者诸君,客观真理并不是我们要讨论的核心问题。我们一定不能犯在第七章开头已经说明过的错误,即试图通过决定性实验来检验何为唯一的两种不同表达形式。我敢说,你们可以提出许多论据,可以用不可辩驳的逻辑向我证明,桶孔不是木桶的一部分。但是,这是毫不相干的,只会表明你们没有像物理学家那样使用(除漫不经心的情况以外)“部分”这个词的普遍性意义。

我们的目的是想揭示我们的物理知识表达方式中所隐藏的思维体系,并非必然地是为其进行正当性证明。一旦我们意识到这种思维体系只是一个思维体系,而不是我们要接受的客观真理,我们自己至少会部分地从这个思维体系中获得解放。只要使它一直处于这种被揭示状态,它可能具有的任何伤害力量就被消除了。我不愿意宣称分析概念是思维必不可少的,尽管对任何科学思维形式来说,这个概念似乎都是不可或缺的。但是,不论这种形式是否是必不可少的,它已经在主宰着现今物理学的发展,并且我们不得不接受它对现象描述体系所产生的影响。

第三节

显然，应用于物理学的分析概念必须根据某种指导原则予以具体说明，否则，它就不会像分析物理世界所得到的产物即分子、原子、质子、电子和光子等那样得到普遍的认同。还有一种根深蒂固的思维形式也选择了物理学使用的这种分析系统。我把这种分析概念的专门化称为**原子概念**，或者为了更精确，称之为**相同结构单位的概念**。　122

这种新的概念不仅仅是指整体可分为一套完整的各部分的集合，而且是指这种整体可以分为彼此类似的部分。这与把人分成灵魂和肉体并且这两部分属于完全不同的实体范畴的观点相反。我会再进一步，坚持认为物理学使用分析的目的是把宇宙分解为彼此**完全**一样的结构单位。

可能有人会反驳说，当代物理学认可的这种结构单位并不完全相同，尽管它们在某种程度上彼此相似。白光的傅里叶成分尽管都是简单的谐波波列，其波长却是不同的——这种不同是我们观察到的颜色的不同。但是这种不同并不是固有的，它取决于观察者与这种结构单位之间的关系；如果观察者从光源的方向往回撤，绿光就变成了红光。从内在本质上看，光的成分——光的张力或光子——是完全相同的，只有在它们与观察者的关系中，或者一般地与外在物体的关系中，它们才有所不同。这正是相对论的本质。世界上各种各样的事物，所有那些可观察到的东西，都来自于各种存在之间多种不同的关系。因此，当我们考察这些相互关联

123 的存在的本质或结构时——就这种本质或结构局限于物理知识的范围内,并且是物理知识所描述的宇宙的一部分而言——任何东西都不是完全相同的。

假如我们承认在我们对宇宙的分析中所发现的基本单位在内在本质上是完全相同的,那么问题依然是,或者这是因为我们不得不处理以这类单位所构成的客观宇宙,或者这是因为我们的思维形式就是这个样子,因而只能承认那些将会产生彼此完全相同的部分的分析系统。我们前面的讨论使我们误以为后者是真实的解释。我们已经宣称能通过先验的推理来确定物理学所承认的基本粒子的特性——由观察所确证的特性。即使它们是客观的单位,这也是不可能的。因此,我们把这种先验的知识解释为纯粹主体性的,只能揭示我们通过其而获得关于宇宙的知识的那些器官的印象,并且通过对这些印象的研究,这种知识也是可以推导出来的。我们现在可以更为明确地说,它就是我们的思维体系对被迫进入这个框架内的知识所产生的印象。

我们刚才已经看到,关于相同结构单位的概念在相对论观点中是不明确的,因为它把多样性归因于关系,而不是归因于关系者的内在差异。但是,我认为,如果宣称相对论观点是我们根深蒂固就有的——我们的大脑构造使我们禁不住像爱因斯坦那样进行思考,这就有些言过其实了。因此,我想表明的是,这种相同结构单位的概念表达了某种非常基本和独特的思维习惯,这种思维习惯无意识地指导着科学发展的进程。简而言之,它是一种思维习惯,这种思维习惯把多样性看成永远是对进一步分析的挑战。因此,124 这种分析的最终产品只能是完全相同。我们持续不断地修改我们的分析系统，直到产生我们所坚持的那种完全相同性，而那些早期的尝试（早期的物理学理论）则遭到拒斥，理由是其意义不够深远。物理宇宙终极存在的这种同一性，是强迫我们的知识符合这种思维形式的可预见结果。从下面的例子可以看出，这实际上是我们根深蒂固就有的。

对物质的分析，正如当今的理论所表现的那样，其终极部分达到了相当程度的同质性，但却并未完全达到理想状态。我们发现质子彼此完全相同；我们也发现电子彼此相同，但跟质子却不同。因此，物理学家承认有两种不同的基本单位；且此时很难阻止物理学家再增加其他几种基本单位。为什么质子不同于电子？相对论提供的答案是，它们实际上是相同的结构单位，而其不同则产生于它们与构成宇宙的物质的一般分布具有不同的关系。一个是与惯用右手有关，另一个是与惯用左手有关。这就说明了电荷的不同；而质量的不同也是（以更复杂的方式）与外部物质之间关系的不同，如果没有外部物质，将无法通过观察来确定质量。没有合理的理由怀疑这个答案是正确的，但是，在这里我们感兴趣的不是从相对论的应用中得出科学的答案，而是我们在本质上试图说明这种不同的那种方式。我们不允许自己把质子和电子之间的不同看作是不可归约的二元论——就像灵魂与肉体之间的差别一样。（我使用了我能找到的最好对比；但是这种思维形式由于坚持——在解释时——支持多样性，因而被普遍接受，以致连灵魂和肉体的二元论也受到其挑战。）只要我们发现质子和电子之间有不同，我们就想知道造成这种不同的原因。这个问题出现时，我们总是求助 125 于结构。我们试图把这种不同解释为结构的不同，并假定质子的结构比较复杂。但是,如果质子和电子有结构,那它们就不可能是构成结构的终极单位。因此,目前这种物理分析的最终产品的多样性表明,我们还没有触底;因而我们必须进一步推进我们的探究,直到我们达到不再向我们发出挑战,让我们进一步分析的完全相同的单位。这个推论恰恰是荒谬的,因为质子和电子的不同在于其外部关系,而不是内在固有的。但是,某种荒谬的推论对我们的思维背景是有益的;并且这种坚持强行进入的思想是指,事物之所以不同是因为它们有不同的结构。这种不同主要在于这种结构,而不在于那些构成结构的单位。

因此,我得出结论说,我们根深蒂固的思维形式就是如此,因而直到我们能够把所有物理现象都描述为大量的本质上相同的结构单位的相互作用时,我们才会感到满意。这样一来,所有现象的差异都会被视为是对这些单位的不同形式的关系性的反应,或者像我们通常所说的那样是不同配置的反应。在外部世界中,没有什么东西会指示这种分析要达到相似的单位,就像在白光的不规则振动中,并没有什么东西会指示我们把白光分析为单色波系列。这种指示来自我们自己的思维方式,这种思维方式不会把任何其他方法当作最终方法,用它来解决感官经验提出的问题。

在目前的量子理论中,分析方法只是接近这种理想,然而尚未真正达到。鉴于这个原因,量子物理学家仍然不满意,认为它们尚未达到他们承认的各种粒子的关系的根基,尚未达到引力、电磁学和量子化之关系的根基。就我而言,我认为大部分书上对量子理论的解释都不能呈现目前我们对这个问题的全面了解。如果更多的注意力放在这个问题的相对性方面,物理理论从目前量子理论停步不前的地方发展到终极结构单位的主要轮廓就会清晰可见。在边码第162—169页，我们从结构单位开始，对合理的物理系统的发展做了一般的说明。有些步骤可以被我们作为开端，以推断出那些可接受的自然规律和常数，而要想更充分地了解这些步骤的细节，就必须参考我的数学著作。[1]

第四节

在分析的概念中通常暗含着这些部分是自足的。如果对思维不加以歪曲，可以把部分看作是独立存在的，其他部分并未与之为邻。或者更为严格地说，我们可以认为，一个整体在隶属于我们所使用的这种分析系统时不会大于这一个部分。当理论物理学家不再考虑整个宇宙而只考虑一个原子时，为了研究这个原子的结构，他就会使用这种自足的概念。

但是，在这里就会产生概念的冲突。如果一个部分，比如原子，就是不依赖于宇宙其他部分而独立存在的东西，而宇宙的其他部分也是不依赖这个原子而存在的东西，那么，我们的身体(它构成宇宙其他方面的一个部分)正是不依赖这个原子而存在的东西，因此，我们的感官经验就不可能以任何方式与这个原子相关联或来源于这个原子。

127

坚持物理宇宙的各部分是永久自足的，这种概念是自相矛盾的，因为这些部分必然地会处于观察性知识之外，因而它们就不是

① 《质子与电子的相对论》(剑桥大学出版社，1936年)。

观察性知识能明确地加以描述的那个宇宙的一部分。

原子的模型结构只有在包括一些规定,并且**我们**根据这些规定可以意识到该原子中正在发生什么时,它才是完整的。简言之,把世界变成碎片的物理学有责任把世界重新整合到一起。这种整合叫作**相互联系**。

就目前的量子理论而言,其最突出的成就之一是提供了一种方法,根据这种方法,可以克服宇宙的各个部分不能自足的困难,从而使这些部分不会脱离与宇宙的其他部分之间的相互作用。每一种原子都被赋予一组基本状态(本征态),每一种状态都对应于一种不同的结构。正是这些状态,而不是这些原子本身,才是我们分析的最终产品。原子本身是其各种状态的组合,或者如我们一般所说,原子在其不同状态中有各种各样的存在概率。同样的,终极结构单位(在边码第163页被等同于“简单的存在符号”)是处于基本状态的电子或质子——而不是像通常所观察到的那样,是各种基本状态的组合。当原子受到其他粒子的干扰时,其基本状态并未受到干扰;它们的结构保持不变,就像原子与周围环境完全隔绝时一样。唯一受到干扰的是各种基本状态之间的概率分布。因此,宇宙的可分析的部分就像考察结构一样是自足的,但是,我们通过观察获得的知识涉及它们之间的概率分布,而关于这种概率分布,它们是相互作用的。

我们越是仔细地研究量子分析方法,就越是欣赏其解决思维冲突的方法的简洁性,这种方法要求通过分析所得到的各个部分在概念上是独立的,但是在实际观察中却是互相依赖的。

128

我们有可能把宇宙分析为完全独立的各个部分,然后再以任何方式在不改变这种分析的情况下，在这些部分之间增加相互作用。如果我们意识到相互作用可以完全是主体性的，这个事实就一点儿也不神秘。即使这些部分本身完全是客观的，对彼此的行为没有任何实质性的影响，主体性的相互作用也会出现在我们对它们的认识之中。我们已经看到，我们分析的最终产品一定是完全相同的结构单位，因而它们在观察上彼此是无法区分的，正因如此，在不影响观察的情况下，它们是可以互换的。相反地，可以从观察推断出来的系统——即可认知的系统——就不像客观系统那样更为特殊化，因为这种可认知系统内的个别粒子尚未得到确认。我们只能说，这种可认知系统的粒子同样具有成为任何一个客观粒子的概率。在比较这种可认知系统的行为与客观系统的行为时，必须考虑这种不可分性的统计结果。其结果同物理的相互作用力所产生的结果相同。比如，粒子可能看起来偏离了其预期的位置，这是因为它受到一种力的作用，或者因为由于观察的不可区分性，另外一个粒子被错当成是它。关于这种纯主体性相互作用的例子，我在边码第 36 页曾经讲过。

现在，我们有充分的理由相信，物理世界中的**所有**相互作用力都来自终极粒子的不可分性。因此，相互作用具有某种主体性的来源。我们已经赋予这些终极粒子部分的主体性，但是由不可分性所产生的相互作用却是不依赖于这种主体性的。未能把宇宙分为完全独立的部分，并且未能在它们之间留下一定量的相互作用，这并非我们的分析所具有的缺点，毋宁说，得出这个结果正是分析的完美之处。我们已经注意到(边码第 97 页)，在物理学中的“良好”与“完美”之间有某种间断性。“完美”并不是“良好”的最高级，

129

而是"良好"超越了自身,突破了自己的目标。如果分析的目的就是为了分开,它就一定会因缺少最终结构单位而终止,因为当部分变得非常简单时,它们就成为不可分的了,它们的不可分性造成我们在观察性知识中把它们混在一起,因而在某种程度上抵消了分析已经造成的分开。

第五节

"实体"是我们对感官经验世界的常见观点中最具有支配作用的概念之一,并且它还是科学发现其本身不断与之发生冲突的一个概念。我们已经触及它的一个方面——它在本质上是积极的或正的,这与在正负两方面保持中性的形式形成对比。实体的另一属性是其恒久性或半恒久性,而在这个方面,物理学本身已经摆脱了实体的概念,但却是用同样具有恒久性的某种东西取代了它。因此,实体仍然间接地主宰着我们的思维形式——这是一种打折扣的实体,除恒久性之外,它没有其他任何属性。

为了符合这种思维形式,就要求把宇宙分成各个部分的方法不能是一个过渡性的划分,而是要把宇宙分成具有一定恒久性的组成部分。在质量守恒、能量守恒、动量守恒和电荷守恒这些守恒规律中,我们已经对恒久性做了科学的明确阐述。通过与原子概念相结合,恒久性的要求会使我们确认,作为终极的基本粒子,那些通常是并且可能是连在一起的单位(质子和电子)都是不可毁灭的。不仅如此,在明确处理概率的波动力学中,我们使分析进入本征态,即概率的稳定分布,这种分布具有相当程度的恒久性。

130

由于相关的自然时间尺度的差异，恒久性在摩尔物理学和微观物理学中具有不同的认识论意义。在原子流的时间尺度上，1%秒在本质上就是永恒。根据这个标准，如果它出现在普通人的知觉的时间尺度上，这种特性一定是“永恒的”。因此，我们有明显的理由去选择微观系统的恒久性，抛弃其瞬态特征。古典的和现代的统计力学都是以这种观点为基础的，这可能是物理学明确接受的最古老的认识论原理。但是，恒久性在摩尔物理学中指的是某种长得多的持续周期，并且这里并无同样的理由把注意力集中在它所拥有的特征上。我们对物理知识的主体性描述应当强加一种赞成持续到1%秒的选择，这是我们的时间知觉的不精细所造成的自然结果。如果有任何选择喜欢持续到数天和数个世纪，那一定有其他理由。

在我早期的著作中，我已经强调了心灵坚持的恒久性所产生的选择性效果，我在那些著作中关注的只是摩尔物理学。[①] 那是我接触到的选择主体论最早的线索。回溯往事，我发现非常有趣的是，考察摩尔规律使我第一次确信某些自然规律具有主体性根源，并且倾向于认为微观规律（那时只是朦胧地感觉到）可能是客观性的，因为摩尔规律的应用产生了一个微观规律的应用中似乎没有的难题。下面我们便来考虑一下这个差异。 131

我们把心灵视为由其“思维的需要”所提出的要求，即要求构成物理宇宙的各部分具有某些性质。心灵提出其自己的要求是通过拒绝承认而进行的，即不承认任何分析系统可以分为不能产生

① 《空间、时间和引力》，第196页；《物质世界的本质》，第241页。

所要求的这些性质的部分。物理学的基本规律不过是对我们的分析把宇宙分成的这些部分的性质所做的数学表达而已;并且我们长期争论不休的是,这些部分是不是全都是由我们人类的心灵以这种方式所强加的,因此它们全都是主体性的。如果发现客观宇宙"迎合"我们的分析——即客观宇宙在本质上呈现出区分为这些部分的倾向,仿佛它预见到了心灵的这种要求,那么,这对这种观点来说则是致命的。因此,如果在某些现象中,部分似乎自动地把自身呈现为分离的,不需要通过分析来挖掘,那么,我们就必须以怀疑的眼光仔细地考察这类现象。

在考查微观现象时,我们必须牢记实验者为竭力满足我们的思维体系的要求而采用的那种强求一致的削足适履式方法。像雕刻家一样,实验者要使我们的分析的想象力所创造出来的那些部分或部分的组合成为看得见的东西,或者至少他的整理和加工操作所产生的结果能满足我们认为这些部分就在那里的信念。但是,在摩尔物理学中,实验性的干涉太有局限,实际上已无关紧要。我们的装置可以产生出单色光波,使其按规定有秩序地振动,但是我们不可能产生出按规定有秩序地沿轨道运行的行星。因此,如果我们能在摩尔物理学中找到任何东西似乎支持我们所采用的分析系统,那它对我们的理论所造成的威胁将会更加严重。

从这个观点来看,需要考察的现象都是通常所理解的世界中或多或少表现出恒久性的实体性物体。虽然物质形式的持续性并不完全等同于质量守恒的科学原理,但是它们有非常紧密的联系。在通常情况下,质量的重大变化与可以知觉到的物质形式的变化有关。我们周围的永恒物体大体上在不断地向我们实际地证明着

132

质量守恒。这几乎是不可预料的，因为先验的知识只是预先警示我们一定会发生质量守恒，而不是它要对我们大喊大叫。某种东西将会是守恒的，但不一定是某种感觉可以理解的东西。

我们熟悉的感知世界大部分是由在某种程度上具有恒久性的物体所组成的，从这个意义上说，这个世界会自动地符合我们的思维形式。由于这个原因，思维和感觉之间若没有一定程度的和谐，我们就不可能继续存在，这似乎是一种合理的说明。要想探究这种和谐是如何产生的——即究竟是我们的感官经验把它放入我们的头脑，使它像我们实际所做的那样进行思考，还是人类感官的进化一直是由自然选择来主导的，以便与人的思维的需求不致产生太大的矛盾——可能类似于探究先有鸡还是先有蛋，对此做出决定或许并不重要。支配着我们的观点的思维形式是后天习得的，还是先天的？对于这个问题，也许我们最好不要回答。但是我倾向于认为，最终的根源绝对是精神性的——倾向与意识是不可分割的。必须记住，单纯的感觉不会决定我们一般所称的那个熟悉的感官经验世界，在这个世界中存在着或多或少具有永恒的形式和大小的物体。这涉及感觉与常识的结合。在我们的各种感觉中，只有视觉和触觉能产生我们对由恒久性实物所组成的外部世界的概念。视觉和触觉的原始形式——对光和黑暗的一般敏感度 133 和对灵活的触须的敏感度——不能为恒久性的概念提供多少材料。自这些开端开始以某种方式逐渐地进化出某种精致的感觉系统，这样，在我们面前便生动地呈现出一个符合心灵对恒久性的要求的世界。

显然，我们的感觉器官对由之而获得的知识一定会产生选择性的影响。思维形式会把观察性知识展示为对外部世界的描述，也会把这个世界展示为包含着神经和大脑，心灵就是通过这些神经和大脑来获取观察性知识的。选择宇宙中哪些部分或部分的组合来完成这项传送功能，决定着我们的感觉经验中哪些部分和部分的组合占有相对的显著性。消除这种外在的或偶然的显著性正是物理学的目的，因此从终极目的上说，物理学不关心对宇宙的科学描述；譬如，科学描述并不承认可见光与紫外线之间有任何中断。但是，在我们通过部分与感觉机制的密切关系而获得的常见观点中，其显著性在摩尔物理学中的影响，就如同通过实验性干涉而进行的整理对微观物理学的影响一样。这两种隔离法在我们的经验中都赋予这种部分以一种生动性，初看上去，这种生动性似乎同它只是传统分析系统的产物这种观点不一致。

我推断，发现物理规律是由通常理解的世界所具有的显著特征来加以严密阐明的，这未必是对物理规律的先验特性的反驳。通常的理解和那些通过更系统的应用得出对宇宙的科学描述的理解一般具有相同的思维需求，所以某种部分的一致并非不可预料。

第六节

134 对我们的立场进行的下列探究，将会更加特别地强调我们在上一节已经考察过的观点：

(1)通过考察某些具有深厚根源的思维形式，我们可以预测出现在对宇宙的物理描述之中的基本规律和常数，这些描述是在那些思维形式的指导下发展起来的。但是，我们不可能预测到这种先验的物理描述中的要素与我们对宇宙的常见理解中的要素是否相一致。

（2）这种一致性可能非常遥远，因此这种先验的理论似乎与观察几乎毫无关系。但是，这种一致性实际上是相当基本的。在我们邂逅遵循这种先验理论所规定的规律的那些事物之前，我们没必要过远地在我们熟悉的经验中来找寻。我们在云室中几乎可以看到质子和电子，我们也几乎可以看到质量得以守恒，而实际上我们并未看到这些东西，然而我们实际上所看到的东西与这些东西具有密切的联系。

（3）不论观察性知识有可能是什么样的知识，我们都可以迫使这种知识进入某种预先决定的思维体系。第（2）条结论的意义在于，观察性知识似乎表现出某种适合进入这种思维体系的倾向，同时又没有受到过多的强迫。但是，不应夸大这种倾向。我们所熟悉的世界和现代科学理论所描述的世界之间存在着巨大差异，这种差异可以测量这种必不可少的强迫性的大小。

（4）根据这个观点，“看见”电子和质子并不像“看见”质量守恒那样有重大意义。电子和质子是通过实验性的干涉而分为不同种类的，但是，对于可表明质量守恒规律的那些物体的认知，则是在没有任何人工条件下产生的，并且显然是某种自发形成的感觉证据，可证明这种先验的分析是否恰当。 135

（5）存在着某些感觉交流通道，能把意识中的感觉与物质世界中所选择的存在或条件相联系，这在我们的知识中是一种经过选择的因素。这种选择完全在我们当下的控制之外，但是，这是以下列事实为转移的：在这种选择结果和我们根深蒂固的思维形式之间若没有一定程度的和谐,生命则是不可能的。因此,在构成物理宇宙的相互联系网络之外,我们对某些要素(恒久的物质客体)的知觉认知和抽象活动,大体上遵循着以同样根深蒂固的思维形式为基础的对物理宇宙进行科学分析的同一路线。

尽管发生了现代革命,仍然支配着物理学的原始思维形式有如下几点:

(1)表达知识需要某种形式。这种形式明确地把通过感觉经验获得的知识表达为对宇宙的描述。正是通过这种形式,才能对物理宇宙进行说明和定义。

(2)分析的概念。这种概念把宇宙表现为一些部分的共同存在。正如在物理学中所使用的那样,这个概念不仅局限于要求所有部分都是正的这种“实体分析”。在更为一般的“形式分析”概念中,这些部分是中性的,不分正负;这种概括所导致的结论是,部分的意义不能与产生它的分析系统相分离。

(3)原子概念。这个概念要求分析系统要达到的程度是,那些终极部分是完全相同的结构单位;这样一来,所有种类的存在都来自于这个结构,而非来自构成这个结构的要素。

136　(4)恒久性的概念(实体概念的修正形式)。这个概念要求那些终极的部分必须具有一定程度的恒久性。这也导致我们要特别地承认恒久性的或半恒久性的各部分的组合,以及承认在变化无常的现象中保持恒久的那些特性。

(5)各部分的自足概念(假定产生于存在概念)。在某种程度上,这个概念与前面的概念相矛盾。由于某种妥协,可以把这些部分看作本质上是自足的,但在我们同概率有关的知识中,它们却是相互作用的。这利用了观察和由概率概念(边码第91页)引入的明确表达出来的知识之间不可逆转的关系。事实上,我们可能会把这种不可逆性(所以需要概率概念)推断为思维体系的认识论结果,这种思维体系要求这些基本的物理系统可以是孤立的,然而是可观察的。

这个清单可能并未穷尽所有的观点,但似乎包含了主要地导致我们目前的观点的那些形式。重要的是,在我们考察有多少物理科学是由这种先验的知识形式所决定的,有多少是由这种知识的客观来源所决定的时候,应当把它们公之于众,让人们知道。我们已经尽可能远地追溯了科学的思维形式的原始来源,现在我们则要致力于考察通过复杂的智力活动由这些来源中发展起来的思维体系。下一章所描述的这种思维体系将会表明目前的发展前沿。甚至连数学物理学家都不可能习惯地保持如此先进的思维水平,人们通常会回到更为熟悉的表达方式,以此来领会这种进步的各种成果。

第九章　关于结构的概念

第一节

137　今天的理论物理学已经高度数学化了。数学来自哪里？我不能接受琼斯(Jeans)的观点，他坚持认为，数学概念之所以出现在物理学中，是因为数学处理的是由纯粹数学家所创造的宇宙；纯粹数学家虽然令人尊重，我对他们的观点的赞美却尚未达到这种程度。对人类经验整体毫无偏狭的考察并不等于指出这种经验本身或者经验所揭示的真理具有自动把自己分解为数学概念的性质。我们只有把数学放在其中，它才会在那里存在。在本章，我们所要讨论的问题是，在哪些关键点上，数学家想方设法去掌握那些本质上似乎特别不适合于由他来操控的材料？

数学家当然会通过引入很多符号而开始自己的工作。与通行的信念相反，这种做法本身并不会把某个主题变成数学的主题。如果我在一个公开演讲中使用普通的缩写 No.代表一个数字，没有人会对我的做法提出抗议，但是，如果我把这个符号缩写为 N，那么就会有人指出："在这个问题上，演讲者出现偏差，进入了高等数学。"不管这些偏见如何，我们必须认识到，用符号 A、B、C ……

来表示各种存在或属性，只不过是术语的简写而已，这与数学的概念是毫无关系的。

接下来，便是介绍 A 和 B 之间的某种关系或对比。如果我们要审查对两个物体相比较的心理过程，我认为我们自己会陷入一种想象，想象出它们之间有一系列中间物体。通过考察从一个物体连续不断地转变为另一个物体时我们必须做什么，我们对它们如何不同的认识可以达到最佳。如果把一个物体逐渐地修正为另一个物体这个想法太牵强附会，我们只需要决定这两个物体完全不同就可以了，因而对它们进行比较已毫无意义。所以，提出把一个物体或性质变为另一个物体或性质的运算概念就是非常有用的。例如，当我们必须对物体的不同大小做比较时，关于膨胀的运算这一概念就很有用。相应地，在最初的 A、B、C ……旁边，我们可设一组新的符号 P、Q、R ……，以之来代表把 A 变成 B、把 A 变成 C、把 B 变成 C 等的运算。

138

但是，我们仍然处于术语阶段，数学似乎和以往一样遥远。要想继续进行下去，我们就必须试着把 P、Q、R ……运算彼此进行比较。根据我们以前的结论，这会引导我们想象一种把运算 P 变成运算 Q 的运算。因此，我们就得到一组新的运算（或超级运算）X、Y、Z ……，这种运算可把 P 变成 Q、把 P 变成 R、把 Q 变成 R……。我们可以这样继续任意地使用概念，使用越来越多的符号，但从未超出符号的范围。

采用数学符号很容易，困难的是把数学符号转变为有用的说明：

设 x 表示美，y 表示有教养的生活方式

z 表示财富（最后这一项是基本的）

设 L 代表爱——我们的哲学家说过——

则 L 是已知为概率 x、y 和 z 的函数。

现在求 L 关于 dt 的积分

（t 代表时间和说服力）

则，在合适的界限之间，显然

定积分婚姻一定存在

（一个简要证明）。①

139 一开始，这个数学符号样本与我们讨论的 A、B、C……P、Q、R……X、Y、Z……并没有本质的区别。我们必须找到是什么东西把后者转化为强有力的能用于科学目的的微积分，而前者却没有实际的结果——正如那首诗中所发生的有关联系一样。

为引入数学，我们必须设法使无限的符号回归终止。如果我们发现 X、Y、Z……不是新的运算，而是已经包含在我们所引入的第一组运算 P、Q、R……之中，也就是说，如果我们发现能把一种存在转化为另一存在的运算也能把一个运算转化为另一运算，那么，这个终点就会达到。

作为一个例题，请考虑二倍、三倍、四倍等诸如此类的运算。如果这些被看作 P、Q、R……，那么，下一步我们就得考虑，譬如

① 兰金（W.J.M.Rankine）教授：《歌声与寓言》，1874 年。

说，把二倍转化为四倍的运算 Y。四倍运算是由两个二倍运算构成的，即两倍的两倍。这样，运算 Y 就增加了两倍，并已经作为 P 被引入了。更为一般地说，如果集合 P、Q、R……表示所有可能的分数或整数的二倍运算，那么，把 P 转化为 Q、把 P 转化为 R、把 Q 转化为 R 等也是二倍的运算，所以，并不需要新的符号。

作为另一例子，假设原初的存在 A、B、C……是一个球体上的点。把球体上的一个点转化为另一个点的运算就是该球体的旋转；因此，运算 P、Q、R……是一些旋转。如果 P 和 Q 是通过不同平面的等角进行的旋转，一个平面被转化为另一平面，所以通过另一旋转，譬如 R，P 就可转化为 Q。如果 P 和 Q 是通过非等角进行的旋转，通过旋转和二倍运算的结合，那么一个就可以转化为另一个。把所有可能的旋转和加倍组合到一起，在把一个旋转与另一旋转相比较时，并不会引入新的运算。 140

所以，我们可以看到，这里存在着"可终止的运算集合"，它不会导致永远增加复杂性的术语回归。正是通过这种可终止的集合，才能引入数学思想。在我们经验的各个部分能够根据这些运算相互联系起来的意义上，它们构成了数学处理的材料。这种观念的充分发展包含在《群论》[①]一书中，这里只是简要的说明。

第二节

可终止的运算，或者如它在专业上被称作的**群**，具有一种可从

① 对群论的基本说明，以及它在理论物理学的基础原理中所发挥的作用，是在《科学的新道路》第十二章中给予阐述的。

数学上加以描述的结构。把 P 转化为 Q 的运算永远是群的另一成分 R,这一事实使一组三角形连接的集合成为该结构的基础。这些三角形连接可以各种各样的模式相互作用;并且正是这种相互作用的模式构成了抽象结构。各种群正是由它们的抽象结构而相互区别开来的。对群的数学描述只是把这种相互作用的模式具体化,而对产生这种模式的运算的物理性质则不予关注。所以,我们对同一个群结构可能会有相当不同的运算集合,并且因而就数学描述而言它们是相等的。

物理学中最重要的群之一是六维的旋转群。在六维空间(对应于三维空间中的三个独立的旋转平面)中有十五个独立的旋转平面;并且由于我们总是增加那种"让事物保持原来样子"的运算,这是每一个群的依据职权的成分,因而我们就有十六个用来构成群结构的要素。一个确定的互锁模式是由这些要素(不同于依据职权的要素)在六个五的集合(五个一组)中的联系构成的,每一个要素都是两个"五个一组"的成员。同它的交织是同三个一组的元素的联系,三个一组本身则是成对联系在一起的。每一组十五个元素在这种模式中都发挥着同样的作用。

141

六维的旋转只是产生这种特殊群模式的多种运算集合之一。例如,如果我们把四个不同的硬币放在桌子上,对成对地交换它们的情况进行运算,一对一对地交换,就会形成具有这种结构的群。[1] 同样的关系模式出现在库莫尔(Kummer)四次曲面几何学中,出现在函数理论中,并且——对我们的目的最重要的——出现

① 《科学的新道路》,第 267 页。在那里字母是由硬币来代替的。

在基本状态下基本粒子(质子和电子)的具体行为中,包括出现在其电荷和旋转的具体行为中。

为了恰当地认识群结构的概念,我们必须把这种相互交织的模式看作是从构成这个模式的特别的实体和关系中抽象出来的。特别是我们可以对这个模式进行准确的数学描述,虽然数学可能非常不适合用来描述关于这个模式我们所了解的实体和运算。这样,数学在本质上并不是在一种暗示了数学概念的知识中获得了其自身的立足之处,数学的功能是为了阐明知识要素的群结构。数学通过用符号来表示这些元素从而消除这些个体元素,这导致其用非数学思维来表达我们可用符号来代表的知识(如果有这种知识的话)。 142

我们把这种抽象称为数学的结构概念,或简称为**结构概念**。由于从拥有结构的任何事物中抽象出的结构可以精确地用数学公式来详细说明,我们关于结构的知识便是可沟通和可传递的,而我们的许多知识是不可沟通和不可传递的。我不能把自己关于感觉和情感的生动鲜活的知识传递给你。我没有办法把我对羊肉的美味感觉同你对羊肉的美味感觉相比较;我只能知道它对我的滋味是什么,你只能知道它对你的滋味是什么。但是,如果我们两个都观看同一处风景,虽然我们的这类视觉没办法比较,我们却能比较我们关于这一处风景的视觉透视结构。我头脑中的一组感觉有可能同你头脑中的一组感觉具有相同的结构。一组实体虽然不是任何人头脑中的感觉,由于它们可以由我们毫无概念的关系联系在一起,它们也可能具有这种同样的结构。所以,我们对外在于任何人头脑的东西可能具有结构性的知识。这种知识将会由与关于现代数学物理理论中的物理宇宙所做的断定相同的断定所构成。为了严格地表达物理知识，数学形式是必不可少的，因为这是我们能界定其关于结构性知识的断定的唯一方法。因此，每一种通向关于这种结构背后的东西的知识都会受到费解的数学符号的限制。

物理科学是由纯粹结构性知识构成的，因此，我们只知道它所描述的宇宙的结构。这不是关于物理知识的性质的猜测，相反，这恰恰是当今物理理论本身状态中所阐述的物理知识。在这些基本的探究中，关于群结构的概念似乎是相当明确的出发点；在随后的发展中，我们所承认的材料无处不是起源于群结构。

143

结构性知识可以同构成该结构的实体的知识相分离，这个事实消除了理解我们为何可能具有关于任何不是我们自己头脑的一部分的东西的知识的困难。只要知识局限于对结构的断定，那么就不会束缚于任何内容的特定领域。须记住的是，我们已经把知识的性质问题与确证知识的真理问题区分开来。我们在此不是在考虑如何可能确证同我们头脑之外的某种事物有关的知识的真理性；我们关注的是如何可能做出关于头脑之外的事物的任何断定，这种断定（不管是真是假）具有可定义的意义。

第三节

我不知道你们在接受我关于成为四倍就是二倍运算的加倍的陈述（边码第139页）之前是否会犹豫不定。如果我说"四就是两个二"，你会毫不犹豫地予以承认；但是，这表明，适用于运算的增加两倍也可能是指再做一次作为检验，并假定第二次运算必然地是在第一次运算的最终产品基础上进行的。

在数学之外,“二加二等于四”是一个相当广泛的陈述;但是我们可以一直这样断言,如果“二加二”是一个数,这个数就是四。换言之,如果增加两倍、三倍等可以理解为是形成一个组,即可终止的运算集合,因而当相互应用时,它们就会产生关于其他集合的运算,那么,给增加两倍再增加两倍所获得的集合的数就是增加 144 四倍。

然而,假设我们接受其他意义,因此当把增加两倍的运算应用于增加两倍时,它就会产生一种不同于任何原初集合的新运算,我们可以把它描述为一个“得到检验的增加两倍”运算。我们再实验另一个增加两倍。由二所进行的两次乘法本身就是增加两倍;并且这可能不具有任何不同于由二进行四次相乘的意义。因此,即使不是在第一步上,在第二步的任何比率上,我们都可达到增加两倍的群概念,它与四倍是两倍的两倍是一致的。这与我们已经注意到的运算是相符的——数学思想直到第二步,即在我们达到关于这些关系之间的关系或关于这些运算的运算之时,才开始起作用。

为了清楚地阐述这一点,我们应把**结构的概念**与更为一般的概念相区别。结构的概念是从相应的一般概念中通过消除所有在群结构中没有发挥实质性作用的事物的概念而获得的。它是一个除了同该模式的联系以外没有任何属性的特定模式中的要素。它的属性就是数学符号的属性,仅仅是由其同其他符号的联系(或更为严格地说同其联系的联系)构成的。这种相应的一般概念,如果有的话,是我们关于这种符号以我们的非数学思维形式所代表的东西的概念。一般概念缺乏数学概念的精确性,因而通常难以受到任何确定事物的约束。除了适用于感觉、情感等我们可以直接意识到的东西以外,人们怀疑这种一般概念是否不过是某种自我欺骗,它使我们相信我们对自己尚未把握的东西获得了理解。尽管如此,可以认为这类概念是我们根深蒂固的思维形式的组成部分。

145 第八章指出的概念就是出现在我们的日常思维形式之中的一般概念。现在有可能加以补充的是,在使用它们来武装可获得我们的科学知识的思维体系时,我们已经逐渐地消除了它们的一般方面,到现在为止,我们只承认这种相应的结构性概念。因此,所造成的这种思维体系已经成为一种数学体系,在其中获得的知识是数学知识——一种关于群结构的知识。通过引入这种数学的结构理论,现代物理学能够以精确的方式完成上一章所描述的一般原理。譬如,我们在那里坚持认为,部分的意义不能与它所属的分析系统相分离。作为一种结构概念,部分是一个除了作为各部分之集合的群结构的构成成分之外没有其他属性的符号。

为了表明这些观念如何应用,让我们考虑一下**空间**的概念。首先考虑一下一般概念,我们通常把无限的欧几里得空间当作最简单的空间来接受。人们会认为这种无限性是一种相当严重的概念障碍;但是,大多数人想方设法说服自己相信他们已经克服了这个困难,甚至自称完全不能接受一个没有无限性的空间。但是,不管这种一般概念的真相是什么,欧几里得空间的结构概念是特别困难的。因为我想在此做出相对容易的说明,我将要考察统一的球面空间,其结构概念相对比较简单。

在球面空间中，通过球面的旋转，任何一点都能变为任何其他一点。因此，对球面空间的这些点或元素 A、B、C……来说，那里对应着算子 P、Q、R……它们是这个球面的旋转；这些算子的群只不过是适当数量的维（在这种情况下是四维）旋转的群。如果把 146 "群"视为结构概念，所有我们关于球面空间所知道的一切是它具有这种旋转群的群结构。当我们在物理学中引入球面空间时，我们指的是某种具有这种结构的东西——我们不知道它不是什么。同样，如果我们指的是欧几里得空间，我们指的某种东西——我们知道它不是什么——是具有可列举的群结构，虽然它要求相当先进的数学概念来详细阐述这种具体的列举。与此相同，出现在爱因斯坦理论中的不规则弯曲空间，则是某种要求相当复杂的具体说明的群结构。

一般概念是对纯粹结构描述的修正，它试图把空间描述为它熟悉的理解中的样子——它看上去像什么，它感觉像是什么，同物质相比它不是什么，它的"当下性"。就物理知识而言，这种修正是一种没有权威性的增加。从哲学上说，如果我们在以非数学的思维方式接受现代物理学引入的那些种类的空间方面发现一个难点，这是一件大好事，因为这就会阻止我们做出这种修正。

第四节

关于结构的数学理论是现代物理学对令哲学家相当烦恼的一个问题的回答。

但是,如果我从未直接地了解外部世界的事件,而只是了解它们对我的头脑的所谓影响,并且如果除了其对我的大脑的所谓影响以外,我对大脑一无所知,那么,我只能不知所措地重申我原来的问题:"我能知道何种东西?"和"它在哪里?"[1]

147 我能知道何种东西?答案是**结构**。更为精确地说,它是以数学的群论来定义和探究的结构。

正确的是,这个问题的重要性和困难都应当加以强调。但是,我认为许多著名哲学家,由于给人的印象是他们把物理学家已经设为一道不能解决的迷,就以之为借口,来支持物理学的外部世界和空洞的实在论,后者否定了物理科学在揭示感官经验的复杂性方面所做的一切贡献。然而,数学物理学家欢迎把这个问题作为一个问题,尤其是其研究领域之内的问题,在这个领域内,他的专业知识可能会服务于哲学的一般进步。

"如果除了其对大脑的所谓影响以外,我对大脑一无所知"这个说法,即使不是完全精确地[2]也是非常生动形象地描述了我们辛苦劳作的各种条件。但是,这在物理学家看来并不令人吃惊,因为他们的主题充满着这种循环依赖。我们只知道电力可以把其效果施加给电荷。我们只知道电荷的根据是产生的电力。长期以

---

① 乔德(C.E.M. Joad):《亚里士多德学会》,增刊,第9卷,第137页。由斯特宾(L.S.Stebbing)引用,见《哲学和物理学家》,第64页。

② 更为精确的方式应当是:"如果除了根据其对大脑的所谓影响之外,我对大脑一无所知。"

来，显然，这对知识没有任何障碍；但是，只是在近些年来，根据群结构来阐述这种知识的系统方法才成为物理理论中得到认可的方法。

哲学家的这种犹豫不决显然产生于某种信念，即如果我们从零开始，任何关于外部世界的知识都必定开始于假设感觉使我们意识到外部世界中的某物——某种不同于感觉本身的东西，因为这种东西是非精神的。但是，关于物理宇宙的知识并不是以这种方式开始的。感觉(同已经由其他感觉所获得的知识相分离)什么也没有告诉我们；它甚至对它出现于其中的意识之外的任何东西都没有提供任何线索。物理科学的这个出发点就是关于意识中的**感觉集合的群结构**的知识。当这些分布在各个时间段和通过各种个体而分布的结构碎片根据我们已经讨论过的思维方式加以核对和表现时，并且当这些鸿沟由以在直接知道的部分发现的规则为基础而形成的推理结构填满时，我们就获得了被当作物理宇宙的结构。 148

在这种一般的结构综合之后，我们便处在一种以物理知识通常得以表达的方式来描述任何特殊的结构部分的地位。这将对原来的感觉提供一种不同的(物理)描述。由于它们是一种感觉结构的要素，并且这种结构包含在构成物理宇宙的那种结构之中，我们就能根据物理术语来描述它们。我们的哲学知识或许不足以具体地描述也是某人头脑中的感觉的物理事件；但是，对大多数目的来说已经非常足够的是，我们可以把它当作一组出现在一束神经的大脑终端中的电脉冲。

重要的是要注意到，对感官经验的解释，正如对密码的解释一样,包含着两个不同的问题。"解释密码"可能意味着发现这个密码的过程,或者可能意味着用已知的密码对一个特殊信息进行解码。同样,把我们的感觉解释为关于外部世界的信息,这个程序所表示的问题可能是同与外部宇宙的结构意识中的结构碎片相关的149 问题,它在物理学一开始就存在;或者它所指的是,当我们应用我们积累起来的物理和生理知识时,从每一种新感觉中可获得的特殊信息。对这个新问题,一个单独的感觉所提供的信息就像我们还没有解开的密码中的单独字母一样。但是,这个最初产生的问题一旦得以解决,我们就能个别地解释那些感觉,就像我们一个字母一个字母地对密码进行解码一样。对噪音的感觉告诉我一种特殊的神经末梢的电子干扰——这当然不是指是在告诉我这是对所发生的一切进行的正确的物理描述。这个描述是在解决这个原初问题之前提供的,因此,在这个感觉告诉我它可适用的事件已经发生时,它已经被使用了。

一般地说,在神经末梢中所发生的干扰是物理世界中很长的因果链条造成的结果。在熟悉的思想中,我们通常跳到很远的因果链条末端,并且说这种感觉是由距离这种感觉所在地很远的客体所造成的。在由旋转的星云所引起的视觉的情况下,客体不仅在太空中是遥远的,而且在时间上可能是数百万年之遥。因果关系把空间和时间之间的沟壑联系起来了,但是,在感觉所在地的物理事件(暂时地等同于神经末梢的电子干扰)则并非是这种感觉的**原因**;这种感觉才**是**原因。更为准确地说,这种物理事件是这种感觉,是其一般概念的那种东西的结构性概念。

因此,当你告诉我你听到一个噪音时,所给予我的信息是表现在我的知识中的(1)一个听到的噪音的一般概念，亦即关于同我自己的噪音意识性质相同的某种东西的概念；(2)一种关于听到的噪音的结构性概念，亦即物理宇宙的结构的一部分，我们通常把它描述为听觉神经的电子干扰末端。在这两种听到的噪音概念中，一 150 种是指其本身是什么，另一种是指它作为通常被认为是物理宇宙的结构的构成要素是什么。

第五节

认识到物理知识是结构性知识，便可消除所有关于意识和物质的二元论。二元论所依赖的信念是，我们在外部世界中所发现的关于自然界的东西不同于我们在意识中所发现的东西；但是，物理学给我们揭示的所有关于外部世界的东西都是群结构，而群结构也存在于意识之中。当我们抽象出特殊意识中的感觉结构，并根据物理学术语把它描述为外部世界的结构的一部分时，它仍然是感觉的结构。为它发明某种其他有结构的东西是完全没有意义的。或者换言之，为外部世界的结构的某些部分发明非物理的复制品，并把我们在感觉中意识到的非结构属性传递给它，这是没有意义的。我们通过直接意识而对其具有额外知识的这一部分外部世界在整个外部世界中只占一个相当小的量；对其他外部世界，我们只知道我们关于它们的感觉结构，而不知道它们的结构实际上是什么样子。

我们设 X 代表一个存在物，物理宇宙是这种存在物的结构，并把已知是感觉性质的这一小部分 Xs 同我们没有直接意识的其

他存在物 Xu 区分开来。也许有人会说，这里仍然存在着 Xs 和 Xu 的二元论，这同旧的意识和物质的二元论是相等的；但是，我认为这是一种逻辑混乱，涉及从关于宇宙的认识论观点向关于宇宙的存在论观点的转化，认识论把关于宇宙的知识作为主题，而存在论则把宇宙当作我们不得不认识的某种东西。从结构上说，Xu 同 Xs 没有区别，并且为了给假设的二元论赋予意义，我们必须想象关于显示出其不同于 Xs 的 Xu 的一种补充性的非结构的知识。我们必须假设一种关于 Xu 的直接意识——如果我们能拥有这种知识的话——它会显示出它不是关于感官性质的知识。但是，这种假设是没有意义的；因为如果我们对 Xu 具有这种假设的直接意识，它实际上就是我们意识中的感觉。因此，如果不假定消除这种二元论，我们就不可能给这种二元论赋予意义。

151

虽然认为宇宙的本性是“普遍心灵中的思想或感觉”这种陈述会容易导致批评，它至少可以避免这种逻辑混乱。我认为，在它是构成我们描述宇宙的知识的思维形式的逻辑结果的意义上，它是真的。但是，如果认为它是超越思维形式的真理，则会要求更加受到保护的表达方式。

小结如下：物理宇宙是一种结构。关于作为一种结构的 X，我们只知道 X 包含着意识中的感觉。当 X 不是我们已知的意识中的任何感觉时，它是什么？对这个问题的正确答案可能是：这个问题是一个无意义的问题——结构并非必然地是指作为结构的 X。换言之，这个问题使我们达到它在其中产生的那种思维形式不再是有用的地步。这种思维形式只能通过继续给 X 分配感觉性质——我们不知道的意识中的感觉——才能维持。使我们感兴趣的不是这种肯定的结论,而是在任何情况下都会要求我们把 X 想象为非感官的性质这个事实。

结构的概念可使我们避开二元论,这个事实尤其是在伯特兰·罗素(Bertrand Russell)的哲学中得到认可。虽然以前我在三部著作中引用过罗素的《数学哲学导论》(1919 年),在此我还感到有必要再引用一段,因为这部著作对我的思想的影响太大了: 152

> "如果结构的意义和理解结构的困难得到认可,传统哲学中的许多思辨有可能得以避免。例如,人们通常说空间和时间是主体性的,但是它们却有客观的对应物;或者现象是主体性的,但是它们却是由自在事物引起的,这些自在事物一定同产生现象的那些事物具有不同。这些假设是从哪里来的?人们通常假定我们对这些客观的对应物知之甚少。然而,在现实的事实上,如果所说的这些假设是正确的,那些客观的对应物将会形成一个与现象世界结构相同的世界,……简言之,每一个具有可沟通的意义的命题对这两个世界一定要么是真的,要么是假的;唯一的区别一定是这种个体性的本质永远会逃避语词并使得描述令人困惑,但是,正因为这个原因,它同科学是毫无关联的。"

这一段论述的写作不是以新的科学理论为基础的,因为在那时新的科学理论还处于早期阶段;但是,它说明了已开始出现于这些理论之中的哲学倾向。如果把 1919 年的科学立场与 1939 年的科学立场加以比较,这是非常有趣的。在 1919 年,坚持物理知识一定是关于结构的知识，这是一个公正的推论，尽管就其那时的表现形式来说，初看上去并不很像。一般地说，结构性知识并没有明确地显现在物理学中；它被认为是真理的核心，要比包含它的那些不断变化的理论生命长久。在那些纷争不断的年代里，从非本质的束缚中挖掘出结构的重要意义，已经得到了人们的认可，并且人153们注意到，在纯数学的群论中已经发展出必要的技巧。此外，人们发现，先前一直是相当模糊的结构观念，现在已能够加以严格的数学定义。结果，它在今日不仅是我们的物理知识所包含的真理，而且目前形式的物理知识已经被我们认作是结构性的知识了。

第十章 关于存在的概念

第一节

我发现在理解哲学著作时有一个困难，因为这些著作讨论了 154 许多有关“存在”的问题，而我不知道它们的意思是什么。存在似乎是一个相当重要的属性，因为我已经认识到，不同哲学流派相区分的主要来源之一，是某些事物是否存在的问题。但是，对于如何理解这些问题，我甚至不知从何开始，无从下手，因为我发现对于“存在”一词，人们没有任何说明。

诚然，在日常语言中，“存在”一词是人们熟知的，但是它并没有表达出某种统一的观念——一种普遍接受的原理，根据这个原理，可以把事物区分为存在和非存在。对于一个事物是否存在，人们的意见之所以有分歧，有时是因为这种事物本身没有得到完美的定义，或者是因为这一定义的精确含义没有被掌握；因此，电子、以太、空间、颜色等事物是否“真正存在”，可能是根据不同的人以不同的含义来使用这些术语而加以确定或否定的。但是，定义的模糊性与观点的差异并不总是一一对应。且让我们以某种熟悉的东西，譬如说银行的透支为例。没有任何人不能准确地理解透支是什么含义。透支是某种存在的东西吗？如果把这个问题放在投票上，我认为，某些人会说，它的存在必定会被当作一种严格的实在，而其他人则会认为承认它存在是某种内在的否定，这是不合逻辑的。但是，把这两派区分开来的只不过是词语问题。把人类区分为两派，一派认为存在着透支，而另一派则否认透支的存在，这155是极为荒谬的。这种区分是一个分类问题，不是信仰问题。如果你告诉我你自己的回答，我将学不到任何关于透支的性质或属性的新东西；但是，我将学会某些关于你对“存在”一词的用法——你倾向于它包含何种范畴的东西。

认为事物要么存在，要么不存在，这是一种原始的思维形式；而认为事物拥有存在的范畴，这种概念产生于迫使我们的知识进入一致的思维体系之中。每个人天生地都有这种认识倾向，但是，在有些边界情形中，所有人都不会把这些情形当作同样的标准，正像透支的例子所表明的那样。哲学家不会像普通人一样受到传统的或本能习惯的束缚；当他以这种原始的思维体系同样地表达他的知识时，我们不可能猜测到他将采用什么样的分类体系。如果所有哲学家都采用同一体系，这倒是令人相当吃惊的事。在任何情况下，我都不会明白为什么这样一种神秘性竟然是由它构成的，也不明白关于采纳这种分类的任意决定如何能转化为一种热忱而执著的哲学信念。

我不想泛泛地谴责某种很有限的哲学读物的根据。我知道，在一些较为深奥的著作中，这一术语的意义有时被讨论过。但是，哲学家们毕竟偶尔才为门外汉写作；在他们当中，某些人致力于寻求以他自认为理解的语言来反抗科学的僭越。我所不满意的是，这些著作者似乎不明白，如果他们不说明**他们**附加在“存在”一词之上的意义，这一词就一定会必然地使科学家迷惑不解，就像譬如“空间的弯曲”一词，如果不加以说明，就会使哲学家迷惑不解一样。因此我认为，从这个疏忽中推导出他们自己给这个词而不是其意义附加了更多的重要性，这并非是不公正的。

并非每一个句子中都包含着令我烦恼的“存在”动词。这个术语通常是以仅能用智力来了解的方式使用的。对我来说（并且似乎对我的辞典也是如此），“存在”相当于“是”或“在”（is）的强调形式。“一种思想存在于某人的头脑之中”，也就是一种思想在某人的头脑之中——对此我能理解。一种战争状态存在于鲁里坦尼亚王国，也就是一种战争状态在鲁里坦尼亚王国——这虽然不是优秀的英语，然而却可以理解。但是，当一位哲学家说“常见的椅子和桌子存在着”也即常见的椅子和桌子是……时，我在等待着他做出结论。难道不是这样吗？你要说出它们是什么？但是，他从来没有完成这个句子。在我看来，哲学似乎充满了只完成一半的句子；我不知道它是由什么构成的。 156

言语通常是省略性的，因而如果我知道完成这些句子后的意思是什么，我并不在意那些句子是否完成。“一种恐怖的噪音存在着”可以假定能以如下形式来完成，即“一种恐怖的噪音正在——打扰我。”但是，这并非哲学家如何想让我完成他的未完成陈述“噪音实际上存在着”的意思——而且对他想完成什么样的句子，我确实毫无所知。当批评家决定根据这种存在来使我的话无意义，从而使我受到威胁之前[①]，我自己也经常说原子和电子存在着。诚

① 不；你们这次没有理解我。这些批评家就这样威胁我，不论是否给他们显示了“真正的存在”。

然,我的意思是说它们存在着——或者是——在物质世界之中,在当时的背景下,这是讨论的主题。当一位数学家说一个等式的根存在着时,他的意思是这个等式有一个根,此时我们不必再审查他使用的这个精确的省略;这已经充分地说明,他无意于提出一个声明说,在事物的范畴中包含着一个数学等式的根,而哲学家则把这种事物的范畴叫作"真正的存在"。

在前面的章节中,我已经讨论了一些存在于物质宇宙中的事物;也就是说,它们是在物质宇宙之中,或者说是物质宇宙的组成部分。我们已经看到"存在于……之中",甚至在相同的表达式"是……的组成部分",并不能摆脱模糊性,只有与分析的概念相关而讨论的惯例,才能使其成为确定的。物理宇宙本身是否存在的问题并未出现。事实上,我已经避免了声称它存在——这将是一个未完成的句子。通常它并不是必然地如此具体。事物的存在或非存在是原始的思维形式;并且如果我用这个术语,则将意味着不过是我在迫使我们的观察知识进入这样一个体系[①],正如它被迫进入几个其他我们已经讨论过的体系一样。然而,作为哲学家,倘若已知我们必须努力掌握这些思维形式,那么,在我看来,在本书中最好不要引入它,哪怕是暂时地引入它也没有必要。

第二节

这种认识论进路的优点在于,绝不会出现把一种叫作"存在"

① 如果我们希望这个论断所指的不仅是原始思维形式的表达方式,那么我们就可以说"真正地存在"。

的神秘属性赋予物理宇宙的问题。且让我再次提请大家注意这一立场。我们的出发点是具体的知识实体。我们不需要对知识予以界定——即讨论这一术语的严格范围。所需要的是要把作为讨论主题的特殊的知识集合或所谓知识具体化。从广义上说，可以视之为根据最新结论在物理科学之内被当作知识的东西。根据某种假定的思维必要性，这种知识一直被明确地表达为对物理宇宙的描述。这就是为何物理宇宙能够进入讨论的缘故。在我看来，这 158 就是全部需要告诉诸位的物理宇宙究竟是什么的奥秘；如果我再补充说这样一个未完成的句子，即“物理宇宙是一个存在着的实体……”，抑或我甚至非常异端地说“物理宇宙是一个不存在的实体……”，诸位对宇宙并不会知道得更多。

我还谈到过客体性的宇宙，这种宇宙不可能与上面提到的知识实体所描述的宇宙完全等同。后一个宇宙，如上所述，部分地是主体性的和部分地是客体性的。有人可能会说，迄今为止，“物理宇宙”总是被理解为是指客体性的宇宙，并且这一术语以后仍将在这个意义上使用。因此，有必要在物理宇宙与物理学的宇宙亦即物理学所描述的宇宙之间做出区分。当一个术语同几个存有争议和冲突的概念相联系时，它总是一个悬而未决的问题，其中有些问题应具有可以界定的力量。无疑，“物理宇宙”一词以前倾向于指某种除其他特征以外还具有纯粹客观性的东西；但是，为了检验**客观性**是否其定义的一部分，我必须追问：“不管发生什么事，你都会坚持这个定义吗？”譬如，应当证明，除上帝以外，在经验中不存在任何纯客观的东西；当你说“物理宇宙”时，你会同意在所有时间你确实一直是指“上帝”吗？我认为你不会这样。但是，这意味着在所有情况下你都会坚持的那个终极定义是由其他考虑所决定的。客观性并非某种确定的属性,而是我们(如其发生的那样错误地)期望由所具有的其他属性来界定的属性。果真如此,我们就必须以开放的心态来审查物理宇宙是否拥有客观性,而不是竭力去偷运客观性,把客观性当作其定义的一部分。

159 由于拒斥假设客观性的定义,我们便退回到我一直坚持的认识论定义。物理宇宙就是物理知识明确地以公式等来描述的世界,因此,这种物理宇宙与物理学的宇宙毫无区别。

如果可以说这种宇宙包含着使用了在一定意义上不同于日常语言中所使用的那种意义的术语,这便是对这一界定的严肃拒斥。日常语言本身并不十分关心这个宇宙;但是,这同一种考虑也适用于宇宙的各个组成部分,即物理客体。科学家使用"物理客体"的意思与门外汉使用这个词的意思是一样的吗?譬如,当我们根据最现代的物理理论来对一把椅子做出科学描述时,我们是在描述日常生活中叫作椅子的客体吗?

某些纯哲学家否认这种科学描述适用于日常语言中叫作物理客体的对象。这个观点是由斯特宾教授表达出来的:"他(科学家)从来不关心**这些椅子**,并且他没有能力告诉我们这些我们坐在其上的椅子是不是抽象的。"①物理学家不关心这些椅子!我们真的希望采取这种立场吗?

让我们首先关注"我们坐在其上的椅子"这个术语,这一用语并未给"椅子"一词增加任何东西。因为坐在椅子上的是身体;并

① 斯特宾:《哲学与物理学家》,第 278 页。

且如果我们不得不把这把科学的椅子，亦即物理学家所描述的那种不是真正的椅子的客体，同我们所熟悉的椅子区分开来，我们就必须把科学的实体，亦即物理学家所描述的不是真正的实体的客体，同我们所熟悉的客体区分开来。因此，当我们坐在一把椅子上时，我们所熟悉的身体坐在那一把熟悉的椅子上，而科学的实体则坐在科学的椅子上。并且如果确有一个抽象的实体，无疑它会进行某种坐在抽象椅子上的抽象活动。

我并不反对哲学家想象一种感觉属性的构造，这种构造同物理学所描述的客体并不完全等同。但是，当他宣称正是这把哲学 160 的椅子，而不是科学的椅子是普通人所指的椅子时，他是在自我欺骗。因为如果他是对的，为什么一家运输公司在希望确认座位安排时前去咨询一位不关心我们所坐的椅子的物理学家，而不是前去咨询一位哲学家呢？

如果物理学家不关心椅子，那么天文物理学家就不会关心恒星。有一位天体物理学教授，亦即丁格尔教授，他不担心承认这个逻辑结论："他（伯特兰·罗素）错过的实质性观点是物理学根本不关心行星。"[①]同斯特宾教授一样，丁格尔教授抛弃了那种决定词语的常见用法的观点并误入歧途，进入人们以哲学家教导他们观看世界的方式来看待事物的世界，因而把语言歪曲为在描述那些哲学家认为最值得关注的事物。

小星星眨眼睛，一闪一闪亮晶晶；

① H.丁格尔：《通过科学进入哲学》，第93页。

我多么想知道，你是什么在天空！

但是，这个孩子感到奇妙而想知道的并非是这些星星到底是“感觉材料的功能”（罗素），还是“日常的经验分类”（丁格尔）。他想知道的是这些星星到底有多大，距离有多远，什么东西使它们不会掉下来，它们是不是由金子构成的，是不是用电照亮的。当他想知道星星是什么时，正是作为天体物理学家的丁格尔，而不是作为哲学家的丁格尔，能告诉他所渴望的信息。一个问题会引出另一个问题，并且在深奥的物理学论文里，我们还在追问和不时地回答这些永不停息的问题之流。当物理学家通过自己的科学描述告诉我们这些星星是什么时，他仍然是在回答这个孩子的问题，但是这个孩子却长大一些了。

161 确实，这个孩子——或普通人——并不知道他真正感到奇妙而想知道的东西是这颗星星的群结构。但是，当我们以他达到的那个阶段所适用的语言一点一点地给他讲解有关群结构的具体知识时，他会认识到这种信息是对他一知半解的问题的回答。这样，直到他以此方式抽象出关于群建构我们所能告诉他的一切时，或者直到他发现我们已变得无法了解，再问我们问题已经是无用的时候，他的好奇就能得到满足。

物理学家自己或许会部分地责怪人们怀疑他是在谈论某种不同于普通人用物理宇宙和物理客体所意指的东西；因为他在借用那些日常熟悉的词汇时并不总是小心谨慎和一丝不苟。但是，在这种情况下，并不存在滥用。

我在本书中所描述的这种物理宇宙，由于强调宇宙的主体性而同通常人们所想象的宇宙似乎很遥远。但是，认为这个术语被误用了，这种怀疑则是产生于一种误解。在这些讲演中，我的具体任务正是要研究物理宇宙的主体性要素，因此，我一直没有特别关注客体性要素；但是，正如我已经指出的那样，这种客体性要素在我们的知识尚未系统化的部分里大大地扩展了，这种知识还构成了描述物理宇宙的组成部分。当我们摘下专家的有色眼镜，并从恰当视角观看这两种要素时，我们将会发现它们构成了一个宇宙，这个宇宙并非不能被视为不仅回答了更为复杂深奥的科学问题，而且也回答了日常熟悉的经验所产生的基本问题。

第三节

我希望到此为止已经非常清楚的是，我已经拒斥了任何形而上学的“真正的存在”概念；并且我也许没有风险地引入一种可从数学上严格界定意义的关于**存在的结构性概念**。坚持事物要么存在，要么不存在，这是一种原始的思维形式。我认为，任何人若以这种方式来思维，他必定会发现自己讲错了而突然住嘴，虽然他会发现不可能把存在所指的概念具体化。且让我们把这个模糊的一般概念先放在一边，只考虑一下这个概念的结构。它的非常简单的结构是由一个在其自身中包含着两种可能性——存在与非存在——的符号所表现的。用数学语言来说，它是一个具有两个本征值的符号 J，这两个本征值最经常地被表示为 1 和 0，1 代表存在，0 代表非存在。符号 J 必须满足等式 $J^2-J=0$，因为这是一个只有两个解 $J=1$ 和 $J=0$ 的二次方程式。这个方程式的另一 162

种表达式是 $J^2=J$。我们把一个等于其自己的平方的符号叫作幂等符号。

存在的结构性概念可表示为一个幂等符号。

一般地说，它要求一个以上的元素来组成一个结构；因而存在是由单一元素所具有的结构的唯一样本。需要记住的是，结构首先出现在把运算 P 转化为运算 Q 的运算 X 不是一种新运算，而是已经得到定义的运算集合之一时。当只有一种运算 J 可以考虑时，这个结构条件便退化为"那种可以把运算 J 转化为运算 J 的运算，这种运算就是运算 J"。这就是幂等条件 $JJ=J$ 所断言的东西。因此，如果我们用幂等符号来表示我们的分析的终极元素，我们可以把这种思维形式表达为，除了它同其他元素的结构性联系以外，关于元素全部可以说的是它存在，或者换一个说法，它不存在。

163

用简单的存在符号 J 所表示的存在可能是一个"既没有部分，也没有大小"的点；因为如果它有部分，那么就有可能把一个部分看作可以没有其他部分而存在，并且每一部分都会要求有一种独立的存在符号。其整体的存在，由于等同于各部分的共同存在，因而会依赖于它们各自分别的存在符号的结合，而不是依赖于简单的符号 J。物理学的存在，正如纯几何学中的点一样，其本身没有组成部分，通常被描述为**基本粒子**。目前我们的元质点没有"任何大小"；因为大小是相对的，而我们并没有引入任何东西与之相关联。我们归之于元质点的那种大小（质量是 m，电荷是 e，并且以核现象来排列）属于它，而不是内在地是它的，但却是因为它同宇宙其他元素有各种关系。

观察只能揭示存在之间的关系；而我们所能思考的最基本的

元素或元质点则是两个元质点分别地与简单存在符号 J^1 和 J^2 之间的关系。这个关系只有在这两类质点都存在时才会存在。所以，我们赋予它双重存在符号 $J^1 \times J^2$，如果 J^1 和 J^2 两者都有本征值 1，它将会有存在本征值 1，而如果两者要么都有要么都没有本征值 0，那么，就会有非存在本征值 0。

只有在两种关系都存在时，才会有两个关系之间的关系，并因此会被赋予一种四倍的存在符号。但是，这种方式会导致最膨胀的符号狂欢。[①] 我们的目的是其中可由同一组其本身是符号的符号来表示的关系之关系的结构，因此，根据群论的数学描述条件得到了满足。这样一来，这种关系之关系将会具有关于那些与之相等同的简单关系的双重存在符号。 164

不要忘记，这些基本粒子并非现实的材料。现实的材料是我们通过观察而得来的知识，由于它们具有可观察的特征，因而必然是一种关于群结构的知识；并且这些基本粒子是分析这种群结构的结果。这种群结构的组成要素是一些我们称之为 P、Q、R……的算子，我们现在想把这种事实符号性地表示为这些 P、Q、R 是一些**关系**。关于某种关系的结构性概念是，它是某种其存在取决于两个存在物要么存在要么不存在的东西。这样一来，在以双重存在符号来表示 P、Q、R……时，关于它们，我们只能说，为了它们能被看作是关系，这是必然的。至此，我们已经含糊地讨论了群结构 P、Q、R……，但是，我们在这里可以具体地讨论这种相关的特殊数

① 四重存在符号无论如何在后期阶段是重要的，因为**测量**包含着四种存在（第 168 页）。

学群，即双重存在符号群。根据探究，可以发现这是与六维空间中的循环群相同的群，对此我们在前面已做过推论(边码第140页)。

为什么是六维？即使我们把时间包括进去，在观察经验中显示的位置连续统也只有四维。但是，我们现在处理的是粒子，而不是几何学的点；并且这种双重存在符号表示的两个粒子之间的关系，要比它们占据的两个点之间的纯粹几何关系复杂得多(但是却包括这些关系)。这一方面所直接表示的不仅是更大的复杂性，而且这种理论的进一步发展还表明它是如何在观察经验中显示其本身的。这种增加的复杂性同基本粒子的旋转平面和电荷符号是对应的——而在几何点上则没有这些对应物。

165 这种理论发展的下一步是以下述事实为条件的：宇宙中的结构要素是数量巨大的。我们可以设想，结构只有在其每一要素都存在时才"存在"。但是，这些要素的数量很大时，我们对结构的存在概念就会稍有不同，根据这种概念，若只是存在着两三个要素，或多或少不值得为之烦心。因为它的任何一个粒子此时都不是结构存在必不可少的东西，我们赋予结构的存在符号一定不要依赖于其单个粒子的存在符号。

为了表达我们的思维形式的这种变化，必须注意它会复制每一元素的存在；作为结构的贡献因子，通常认为它会连续不断地存在，但是作为一个独立存在，它在当下可能是存在的，也可能不存在。设我们用数学方式来表达这种**独立的**存在的性质，即我们归之于它的那种性质。我们首先必须把它的日常存在符号加倍，得到 $2J$。然后，我们抽出表示其存在的部分作为这个结构的贡献因子；这不是符号表达所要求的存在或非存在的潜在性，而是我们同意用数字 1 表示的无条件存在。余数 $2J-1$ 表示这个元素的独立存在。这样，我们便得到独立存在的粒子概念，可由独立存在的符号 $K=2J-1$ 来表示。K 的本征值是 1 代表存在，0 代表非存在。这个粒子的不存在现在不是纯粹的否定(0)，而是出现在该结构之中的或增加给该结构的一个洞(−1)。

除了其存在或不存在之外，基本粒子拥有的唯一特征是它与整个结构的关系。根据我们的新观点，这种关系出现在先。这就是说，我们把单个粒子各种不同的可能关系归之于整个结构，然后我们给每一种可能的关系赋予独立的存在符号 K，它表示具有那种关系的粒子存在或不存在。最常用的术语是把这种与整体结构的关系叫作**状态**，并把这种状态描述为**已占有的**或**未占有的**。所以，我们可以称 K 为**占有符号**而不是独立的存在符号。 166

以这种表示方式，“整体结构”发挥着类似于测地学中大地水准面的作用，实际的地球据此可以通过增加或减少各个点的材料而获得。鉴于这一类比，我建议把这种待考虑的结构称作连续性的存在，即铀系元素。这会使它同其他我们也许会有机会加以考察的结构区分开来。只是因为把自己的一半“存在”贡献给了这种铀系元素，每一独立的粒子才是独立的。这便意味着所思考的(而不是必然地存在着的)这些粒子的数量在一开始是固定的，随后这种铀系元素便相应地建构起来了。我们在后面将要考察这个数量是如何决定的。

第四节

在理论物理学的发展中，为了以这种认识论为基础进一步前进，就必须对我的数学论著进一步推论。[①]首先，我在此试图详细地说明数学据以第一次把握这一主题的原理，以便我们可以理解这种符号的数学思维体系同我们关于事物的非数学概念之间的确切关系；其次，要使这种发展足以表明，以这种方法所获得的数学材料并非微不足道。在这个发展进程中，无论是在这个阶段，还是在后来的阶段上，都没有任何独断的东西，前提是我们要承认，它必须是这个样子，以便可以根据我们视之为我们的观点中根深蒂固的某些思维形式来表达知识。

167

然而，我必须提到后期发展中所出现的一个概念，因为在下一章还有机会用到这个概念。每一状态从理想上说都是独一无二的，并且是与只能表示占有或不占有的不同符号 K 相联系的；但是，实际上我们有时会忽略较细小的区别，把一种大数状态连在一起成为一。这样，我们便经常不得不处理浓缩的状态，这种状态是通过把 n 个基本状态连在一起而形成的，并因而能够被任何达到 n 个粒子的数字所占有。为了描述这种浓缩状态的占有状态，我们一定要把它与一种基本符号 K' 相联系，其本征值是从 $-\frac{1}{2}n$ 到

① 《质子与电子的相对论》(1936 年)，特别是其第十六章。

$+\frac{1}{2}n$，并表示大于$\frac{1}{2}n$的已占据状态数字余额。[1] 因为它的根是所需要的本征值，由K'所满足的等式是：

$$K'(1-K'^2)(1-K'^2/2^2)(1-K'^2/3^2)\cdots\cdots(1-K'^2/1/4^2)=0$$

通常n是很大的，因而可认为是无限的，因此，这个等式左边是一个无限乘积，众所周知这个乘积等于$\sin\pi K'$。因此，K'的特有等式[2]是$\sin\pi K'=0$，它可由每一个正整数和负整数包括零来满足。这就是这个等式在目前的量子理论中使用的形式；但是，需要记住的是，它是一个近似值，在这个等式的严格形式中，有一个最高级的整数。

在目前以纯粹认识论为基础的理论发展融入物理理论之前，这项工作仍然会存在，如果我们明白我们还没有引入测量的话，我 168 们将对这项工作的大小获得某种观念，因此，由测量所产生的日常物理量还不会出现。在第五章，我们花了很多时间来讨论长度和时间间隔的定义，这是所有其他物理测量的基础。通过测量的物理量来表达我们的知识体系已经同更为原始的以群结构为根据的表达方式联系起来了。

据说我们可以"观察"两个存在之间的关系；但是，"测量"是由

---

① 我把n看作是偶数。如果n是奇数，就要引入适当的修正。每个粒子的一半存在，即一共是$1/2n$，被认为包含在铀系元素之中，因而超过$1/2n$的余数是同这种浓缩状态相关联的独立存在。

② 在同样意义上，其中$J^2=J$是J的特有等式。

把这种关系与某种标准相比较所构成的。这样一来，对长度的测量乃是系统中两个存在之间的广延关系的比较，而根据观察，具有两个存在之间的广延关系标志着我们所接受的标准的终结。所以，一种测量包含四个存在，并且初看上去是与四倍的存在符号相联系的。然而，它是在概念上被传递到同该标准相比较的关系之上的；并且某些测量（如质量的测量）甚至可以传递到从这四个存在中选择的一个存在之上。对这种传递的形式化处理会导致物理理论非常广泛的分叉。在此我们将只是提到，这种四倍的存在符号——在这个讨论一开始我们就把它放在一边了——因为它们同测量过程具有直接的联系而在后期阶段发挥着重要的作用。然而，这并不是一种无限回归的开始。用来表达物理知识的概念体系正是这样一种体系，以便它能包含分别对应于存在、关系和测量的那些简单的、双重的和四倍的存在符号；但是，它对八倍的和更高的符号则没有基本的作用。

从测量与四种存在物的联系上看，不必经过进一步的思考，就会使我们可以期望数字 4 将会以某种方式使自身在体现我们的测量结果的世界图景中显而易见。它是一颗种子，从这颗种子里可以萌生出那些可以奇妙地分类为纯粹数字的东西，我们称这些数字为自然的常量（边码第 58 页）。就其本身而言，这个结论并没有告诉我们多少东西，也没有给数字命理学思辨提供保证。我相信，以这种方式引入的数字 4 实际上是造成四维时空的原因，**但是，这只不过是间接地**造成的而已。在实际计算中，时空的维度数是通过如下途径达到的：

$$\frac{4 \cdot 3}{1 \cdot 2}-1-1=4$$

并且在这个公式里，最后一个数字与第一个数字相同，这纯属巧合。在我们从这个小小的开端做出某种事情之前，许多线索一定是交织在一起的。

巧妇难为无米之炊。前面的讨论或许可以用来表明我在哪里得到了我完成全部理论或终止全部理论所必需的原料。

第十一章　物理宇宙

第一节

我相信在宇宙中存在着 15,747,724,136,275,002,577,605,653,961,181,555,468,044,717,914, 527,116,709,366,231,425,076,185,631,031,296 个质子和同样数量的电子。

170

在这个总数中，一个正电子可以看作减去一个负电子；因此，负电子与正电子成对的创生和湮灭，并不影响整体，它们是连续发生的。在这个总量中如何计数介子（如果可能的话），只有到我们对这些粒子了解得更多时才能说出来。诚然，中子和核子可以根据构成它们的质子和电子数来计数。

重新陈述自 1920 年以来已经众所周知的东西，即每一个核子都是由确定数量的、可由其原子重量和原子数来确定的质子和电子构成的，这不应当必然如此。但是，就在几年之前，还有一股否认这些理论的狂热，并流传甚广，大多数对这种观点的无害引用仍然会招致批评——仿佛显露出人们对近年来出现的有关核结构的各种观念一无所知。这个说法指的是原子核的构成，不是其结构。只有那些单一地原始想象所拥有的东西，才能假设它是指对原子核的仔细探查将会显示电子就像布丁上的葡萄干一样紧粘在它上面。原子核由质子和电子构成的方式如同煎蛋卷是由鸡蛋构成的一样；也就是说，当煎蛋卷出现在桌子上时，食品柜里的鸡蛋就会少一些。各种核子的质子－电子构成是由直接应用这种构成方式的“蛋卷”标准的转化实验充分地确认的。我认为，那种形而上学宣称的狂热，即这些鸡蛋和电子在混合后就不再存在了，如今已经销声匿迹；但是，在任何情形下，它都是不合时宜的。 171

现在我们回到质子和电子数的问题，我已经陈述了我的信念。对此，人们以不同程度的信任度来相信。我认为，我知道宇宙中质子和电子的确切数字这个信念，不会排列在我的最强烈的科学确信之中，但是我应当把它描述为一个中等水平的信念。然而，我强烈地确信，如果我把这个数字弄错了，那不过是一个愚蠢的错误，如果这个领域有更多的工作者，它很快就会被纠正。简言之，了解宇宙中粒子的精确数字完全是物理学家的合法抱负。

一些冷嘲热讽的人可能会说，这是一个相当稳妥的计算，因为没有人能计算这些粒子数，并表明我的估算（譬如说，14 个数字以上）是错误的。我将尽我所能来证明我的结论，使这些冷嘲者承认，如果我认为任何人有一丝机会可以计算这些粒子，我也绝不会发表我的计算。但是，我的理由并非如你所料：即在计算时，我用了一种仅仅适合于**不可计算的**粒子的分析方法；因此，如果任何人说服我他能实际地计算质子和电子数，他就会劝我说，我的计算根据是错的，因此我应当收回，不必等待听到他的计算是否一致。

让我们看一下质子和电子缘何是不可计算的。这并非仅仅是因为它们数量巨大。量子物理学家告诉我们，电子不会确定地在一个地方，而是一种模糊不清的概率分布；而且电子是不能相互区分开来的。这种物质并非是很有希望计算的东西。你最后计算的电子没有什么可记住的——既不可能记住它的位置，也不可能记住其任何可区分的标志。因此，你如何能够知道你看到的下一个电子是一个新电子还是已经计算过的电子？根据不确定性原理，在一个瞬间，你越是仔细地确定它的位置，你越是不能确定它的速率以及随后它在哪里出现。当你退休后有闲时，在计算草原上的绵羊数量时，你或许会喜欢尝试以概率分布方式来计算电子数量。

172

电子的性质使得我们除极为特殊的情形以外不可能对它们进行计算，并且同样的情况也适用于质子。尽管如此，物理学家仍可以有把握地告诉我们1克氢中大约有多少电子（大约$6\cdot10^{23}$）。显然，这个数字并不是他们计算出来的。这个数字本身不会招致批评，因为我们认可以某种间接方式获得这个结果是合法的。银行家根据称量沙弗林（即英国旧时1英镑的金币）的重量来确定（或通常来确定）货币数量，知道这将会如同更为辛苦的计数过程一样给出同样的结果。但是，我们可以说物理学家用来确定1克氢中的电子数量的这种间接方法也会得出实际计算它们所获得的同样结果吗？显然不能这样说；因为我们刚才已经看到它们不能计算——实际计算它们将不会有任何结果。

每一项物理知识都是对实际的或假设的观察结果的确定。当知识宣称的是1克氢中质子和电子的数量时，所指的这种观察方法不可能是计算。它一定是关于某种其他方法的结果的知识，整数可以通过这种方法归之于一个系统。我们称这个数是粒子数，但是这个数字是根据“量子算法”估算的，而量子算法所根据的概念同毕达哥拉斯的计算算法概念并不一样。

或许我们应当因量子物理学家欺骗我们而生气。但是，我们又不可能不欣赏量子算法具有巨大的美，以及赋予数字以不可计 173 算性这种诡计所具有的精巧性。

“算法”这个名称，正如“几何学”甚至“流体力学”一样，可以应用于纯粹数学的一个分支，而其自己的定义和定理同物理宇宙中的任何事物都没有联系；但是，在科学背景中，这些术语可以根据科学为了其自身的主题而计算物理客体的数量、测量世界和物质流动的运动所赋予它们的原初实际意义来理解。作为物理科学的分支，它们包含在面向统一的一般趋势之中；并且因为相对论具有统一的几何学和力学，因而量子理论具有更加大胆创新的统一算法和波动力学。我们已经看到（边码第 75 页），为了仅仅通过纯数字而使长度的物质标准具体化，求助于量子理论是必需的。相对论能根据数字来表达知识，但是，这只是因为它从量子理论中借用了它的长度标准，并因此而使量子数同物理系统联系起来。

把算法转变为波动力学，这种统一活动的关键是我们在边码第 167 页所引入的基本符号 K'。K'是一个可满足 $\sin\pi K'=0$ 的符号，并且其本征值是整个正整数和负整数的集合。因此，波动力学把这些整数（它们构成我们的日常算法的全部材料）带入其范围之内，作为其符号算子之一的本征值。由于以这种方式引入，这些整数就是同计算过程无关的概念。计算即使是被引入的，也是根据 K'亦即整数而不是相反的本征值来定义的。我们在计算中从 3 进到 4 的步骤是一个系统的物理特征从一个本征值到另一本征值的转变——一种量子跃迁。系统从一个三的状态到四的状态转化只是该系统能够从事的多种量子跃迁之一，并且根据一般的波动力学理论，这同其他量子跃迁并没有差别。

174　符号运算者用来工作的材料或运算对象叫作该系统的波动函数。当运用某些材料时，K'归结为数字4；此时我们说由运算对象所代表的该系统的粒子数是4；同理可以得出其他数。我们应当理解的是，这并非是为符号K'所发明的特殊的解释系统；它是使"这些粒子数"同该系统所描述的其他物理量相一致，它们在波动力学中根据适用于它们操作的波动函数而使它们的每一个符号都可归之于不同的数(不是通常的整数)。通常所提供的材料——波动函数——就是这样的，因而这种算符不可归结为任何数；对该系统而言，这个符号所表示的物理量没有确定的值，而是有一些计算"期望值"——与某种程度的不确定性相联系的值——的方法。如果由波函数所表示的知识只是足以给这个数一个概率估计的话，这在粒子数的情形中也会发生。

如果K'可归结为一个数，并且永远是一个整数的话，那么，这个事实就可以把它同大多数其他符号运算者区分开来。这个条件保证了我们绝不会发现自己错了而不再说系统中的粒子数精确地说是$3\frac{3}{4}$。的确，有一些其他算子同只有整数本征值的物理系统相联系；但是，这是因为并不是只有粒子才是我们能计算的事物。须记住的是，"原子数"不仅可以延伸到物质粒子，还可以延伸到辐射(光子)和角动量。

175　在耗尽算法时，量子理论本身走得有点儿远。为构成整数的整体，这种基本算子必须满足$\sin\pi K'=0$。但是，我们已经注意到，尽管这是通常使用的等式，它也只是一种近似；并且如果我们使用这个严格的等式，由 K'所代表的整体系列就会停留在一个相当高的数上，我们将称之为 N。所以，在量子算法与毕达哥拉斯算法之间有一种区别。在量子算法中没有无限，因而这些数会终止在一个最高数 N 上。因此，可以用来把这个数称作“系统的粒子数”的原理被赋予该系统，这使它不可能再赋予比 N 高的数，它不会出现在量子算法中。

这个宇宙数 N 在相对的量子算法中占据了无限的位置，其方式就像光的速率在基本的相对论中占据了无限速率一样。迄今为止，我对 N 被决定的方式还没有给予任何讨论；我一直关心的只是它在其中出现的背景。但是，现在我们终于经过努力前进到应该说明这种方法或手段的性质的时候了，数字正是由于这个方法才是不可计算的，我认为，显而易见，在声称可先验地决定宇宙中的基本粒子数时，我们并不是在篡夺通常归之于宇宙创造者的特权。

关于电子的不可计算性，还可做如下论述。有人会反驳说，我们实际上是在云室中计算电子，电子的轨迹在云室中通过某种有创意的手段可以看得见。但是，云室中有多少电子呢？大约有 10^{20}之多。而我们计算的是多少？一打左右。我们计算到大约 12 个，然后就终止了；这不是因为我们疲倦了，而是因为没有计算方法。我不认为这同我关于计算不可应用于电子的陈述相矛盾，因为我把计算的含义理解为系统的列举和计算。

一般而言，唯一可计算的粒子是那些具有高度例外速率的粒子。的确，通过审查这些粒子，我们可以给数设计一个质量系数，如果假定它对不可计算的粒子也有效，那么它就能使我们从该质 176

量中得出这个数。但是，我不否认物理学家已经发现一种把数的定义扩展到不可计算系统的合理而一致的方法。关键在于实际上他们**已经**扩展了这个定义。因此，当我顺从地按照他们的定义讨论宇宙的粒子数时，你们千万不要认为我的意思是指存在着 N 个离散存在物，由创世者把它们放在那里，等待着人们来计算。

第二节

对宇宙数 N 的理论计算取决于如下事实：测量包含着四种存在物，并且因而同四倍的存在符号相联系。据此，似乎是这个宇宙数一定是独立的四重波函数的总数，人们发现它是 $2\times136\times2^{256}$。这就是质子**加**电子的总数。质子数是 136×2^{256}，这就是本章开头全部给出的那个数字。

我认为，下面便是看待这个数的构成的合法方式。数字 136 是四倍存在符号的群结构的特征；由于这个原因，它也出现在关于自然界的其他数字常量（如精细结构常数和质量系数）的理论之中。这个结构模式是一种 136 个元素的关系之间的交织，在现在的应用中这等同于 136 个浓缩状态。基本符号 K' 由于同每一个浓缩状态相联系而表现着一种算法，根据这种算法，最高的整数是 2^{256}。最后这个数因我们从铀系元素中混合的一半粒子（或一半粒子的"存在"）开始而加倍；因此，表示从这个铀系元素中减去粒子负整数一定也要算作表示加的正整数。[①]

177

① 根据这一观点，量子算法中的"最高整数"是 2^{256}。为了构成 N，我们随后要根据普通算法再加上 2×136 这个数字。

数字 $2\cdot136\cdot2^{256}$ 同四倍的存在符号是相联系的。与双倍和简单符号相联系的对应数是 $2\cdot10\cdot2^{16}$ 和 $2\cdot3\cdot2^{4}$。后一个数是96。我们已经预见到(边码第169页)同测量相联系的数字4会以某种形式包含在我们关于测量结果的世界图画中,虽然我们明白它的出现可能会有很大的伪装。我们现在发现,它的伪装之一是宇宙中的粒子数从96上升到 $3\cdot145\cdot10^{79}$。

我已经向诸位说过我相信的宇宙数 N 的真实故事。我们从中应得出什么结论呢?

大体上说,我们已经揭示了 N 的秘密。这并非在计算一大团构成客观宇宙的那些离散性粒子。由于它只不过是量子理论强加给我们的一个数字,是以某种先验方式同其分析方法相联系的一个数字,我们对它的兴趣还能持续多久?我不认为它的科学兴趣已经受到影响。内在地看,宇宙中的粒子数,即使是真的,也不过是一个不会引起多少好奇心的问题。这个数因其经常突然出现在较为平凡的问题中而在科学上成为重要的。它把有关电的系数固定在质子和电子之间的引力上——实践中的物理学家通常要花费很大力气才能确定这个量。现实地说,它们的确定证实了我们发现的一部分在500的值。它还固定了引起“宇宙膨胀”的遥远星云后退的速度。天文学材料是相当粗糙的,但是它们确证了 N 的计算值达到了25%以内。它还固定了支配原子核平衡的特殊力的范围,同实验值的一致在1%以内。 178

我所以挑出 N 来引起大家关注,是因为在基本物理学所包含的全部知识中,关于基本粒子数的知识似乎最不可能受到主体性的污染。因此,它特别适合于做测试案例。但是,同样的主体性似乎到处都有,并且通常并非如此难以确定。物理规律的整个体系都被揭穿了,如果你愿意这样说的话。但是,揭示了光学规律并不会扑灭阳光;揭示了引力规律并不会阻止我们从楼梯上摔下来;揭示了弹道学规律并不会使战争停止。即使它们的秘密被揭穿,我们的半主体性宇宙的规律在这个宇宙和这些技术发现中仍然是有效的,并且科学的发明还会继续要么结出善果,要么结出恶果。

在本章开头给出的那个大数无论如何已经进入物理学体系之中。谁应当为此负责?有一些嫌疑人。我们自然地首先要检查那些提出波动力学方法的人;但是,我认为他们是无辜的。那个首先制造电子的人更应该受到怀疑——他为自己辩护说他只是发现了电子,对此我们予以拒绝。但是,他也多半被无罪释放了。最后,看来除了"自然原因"不可能有其他裁定。正是那种原始的思维形式把它们自身制造出来了,并声称每一个人作为工具在物理学的发展中都发挥了自己的作用。有一个论证说,即使没有应受谴责的疏忽,让这样一个数溜进来也一定是一个小小的疏漏。对于这个论证,我们可以回答说,一旦这些数进入一个主题,它们就有一种繁殖方式,因而有 80 个数字的这个数仿佛只是数字 96 的孙辈。

179

遥远的银河系的光线轻微变红是这个宇宙数的第一条线索。这是科学的典型的经验方法或后验方法。但是,对于观察者的观察者来说,这个宇宙数的精确值却包含在他第一次瞥见实验物理学家之时:

> 我再次抬起我的双眼观看,看到一个人手中有一根测量线。[①]

① 《撒迦利亚》第二卷第一章(Zechariah,ii,I)。

第三节

18年前，我负责写一篇评论，这篇评论长期以来经常被人引用：[①]

> 对人类心灵来说，从自然现象中抽象出其本身已经进入这些现象之中的规律，这是一回事；而抽象出心灵所不能控制的规律，这件事则要困难得多。甚至有可能这些在心灵中没有其来源的规律是非理性的，我们从来未能成功地对它们加以阐述。

这似乎有可能成为真的，虽然不是以那时其自身所提出的方式。我在心灵中有量子现象和原子物理学，这在那个时代同我们努力阐述的理性规律体系是完全抵触的。已经显而易见的是，摩尔物理学的主要规律都是心灵制造的——即是感觉器官和智力器官的结果，通过这些器官我们得出我们的观察知识——而不是支配客观宇宙的规律。其启示是在量子理论中我们第一次遇到了真正的支配客观宇宙的规律。如果是这样，这项任务大概要比纯粹重新发现我们自己的思维体系要困难得多。

自从那时以来微观物理学取得了巨大进步，它的规律已被证明为是心灵可以理解的；但是，正如我竭力表明的那样，它也证明 180

① 《空间、时间和引力》，第200页。

了它们是由心灵——我们的思维形式——强加给我们的，正如摩尔规律强加给我们的方式一样。同时，由于这种物理学体系不再是决定论的了，关于这些规律的客观来源还出现了新情况。关于这种心灵制造的规律总体并没有强加决定论。正是在尚未决定的行为中，由于在目前认可的物理规律的完整体系内为之留下余地，客观宇宙的支配性规律（如果有的话）一定会出现。所以，就阐述这些支配性的客观规律而言，这 18 年并没有带给我们任何进步；唯一的区别是我那时描述为可能的非理性行为如今被描述为尚未决定的行为。

在目前的物理理论中，系统行为的未决定要素被认为是一种随机问题。如果有对于随机规律的严重偏离，观察和理论将不会一致。所以，我们可以说，物理学中由观察所支持的假设根本不存在具有支配作用的客观规律——除非把随机说成是规律。

尽管如此，如果我们采取比这种物理学更广义的观点，我认为，这就会产生误导，会把随机当作客观世界的典型特征。否认具有支配作用的客观规律甚至都不像其主体问题的界限那样是物理学的假设，这会导致出现对随机的各种偏离，但是，它们被视为是物理学之外的某种事物的显现，即意识或（更有争议的）生命。在人类中有一部分是大脑，或许只是一个大脑问题的颗粒，或许是一个广延区域，他的意志力所产生的物理后果在其中开始出现，并且它们从这里传送到能把意志力转化为行动的神经和肌肉之中。我们称这部分头脑问题为“意识问题”。在遵循基本的物理规律方面，它必定完全像无机的物质一样，作为来源于认识论的存在，会受到所有物质的强制；但是，它不可能在所有方面都完全等同于无

181

机的物质,因为这会使身体成为一个自动机,独立于意识而活动。这种区别一定会必然地存在于这个行为的未决定的部分;物理学的基本规律尚未决定的这一部分行为一定在意识问题中是由客观规律所支配的,或者是由不是完全的随机领域的指令所支配的。

“随机规律”一词有可能会产生误导,因为它被应用于纯粹缺乏该词通常意义上的规律的方面。通过参照相互关联来描述这些条件会更加清楚。目前的物理理论假设,由于是由观察无机现象所确认的,坚持认为在个体粒子尚未决定的行为中,根本不存在相互关联。

因此,普通物质和有意识的物质之间的区别在于,在普通物质中,粒子行为尚未决定的部分中根本不存在相互关联,而在有意识的物质中,相互关联也许会出现。这种相互关联被视为是对自然的日常进程的干扰,归因于意识同物质的联系;换言之,它是意志力的物质方面。这并不是说为了执行意志力,意识必须以这种方式来指挥每一个个体粒子,因而使相互关联得以出现。粒子只是表现着同我们的分析概念和原子概念相一致的思维体系中的知识而已。当我们应用给予这种表现的分析系统时,我们并不能预见到这些产生出来的粒子是否会有相互关联或相互没有关联的行为;这完全取决于我们所分析的这些粒子的客观特征。当假定了物理学通常所习惯的非相互关联时,它被认为是一个假设。但是,182 不用做任何假设,我们就可以说相互关联和非相互关联都表现在我们具有不同客观特征的思维体系之中;并且由于非相互关联公认地表现通常的物理规则所适用的各个系统的客观特征,相互关联必定会表现另一个客观特征——因为它不是物理学规则可应用的系统的特征——这一特征被我们视为某种“物理学以外的”东西。

在讨论现代物理学所提出的自由意志时，我认为它一般的是假定了由于普通的无机物质的规律在某种狭隘范围内使其行为是未决定的，那么，允许意识的意志力在前面所说的范围界限内决定那种行为，在科学上就不会有什么反对意见。我将把这个叫作假定 A。对任何摩尔比例的系统而言，所允许的这个范围相当小；这些非常牵强附会的假定必然地会使意志力成为可能，它能在如此狭小的范围内起作用，并可产生大量的肌肉运动。为获得更广的范围，我们必须承认这些粒子的行为具有相互关联。这就是我们一直在讨论的理论，我将称之为假设 B。在先前的著述中，我已经主要地根据假设 A 的不适当性而提出假设 B；但是，在现在的研究方式中，假设 B 把自己表现为明显的和自然的解决办法。

虽然导致的结论相同，我先前的讨论[①]由于未能认识到假设 A 是无意义的而受到玷污；因此，更为遗憾的是我需要超越它。在随意行为与相互关联的行为之间不存在中间地带。行为要么整个地是随机问题，在这种情况下，精确的行为在海森堡不确定性界限内依赖于随机而不是意志力。要么它在整体上不是随机问题，在这种情况下，根据非相互关联的假定而计算的海森堡界限不是相互关联的。如果我们把随机规律应用于一枚硬币的投掷，头像在1000次投掷中出现的数在这个界限内是不确定的，譬如说从450到550次。但是，如果使用一台硬币投掷机，它拣到和投出这枚硬

183

① 《物质世界的本质》，第310—315页。《科学的新道路》，第88页。

币并不完全是随机的，这种非随机元素并不是一个可决定从450到550之间哪个数会朝上的因素；投掷中的相互关联或系统倾向可能会产生从0到1000中的任何数。

假设A的荒谬在于它假定了这种行为是受包含非相互关联或“随机规律”的假设的物理学的一般法则所限制的，因而会进一步受到某种非随机因素（意志力）的限制。但是，我们不能假设这种行为同时受到随机和非随机（非相互关系和相互关联）的限制。随机规律的适用性是一种假设；承认这种行为不是唯一地受随机支配，就会否认这个假设。因此，如果我们承认意志力，就千万不要忘记首先消除这种随机假设（如果我们一直在应用它的话）；尤其是我们必须摆脱那些只能应用于非相互关联行为的海森堡界限。如果意志力对该系统有作用，它这样做就没有考虑海森堡界限。它的唯一界限是那些由基本的认识论规律所强加的界限。

我们的意志力不完全是不重要的；因此，一定有某种可应用于它们并把它们同意识的其他构成要素相联系的规律，虽然我们并不期望这类规律是具有严格数学特征的主体性规律。客观规律的领域主要的是思想、情感、记忆和意识的决断力之间的相互作用。在控制意志的决断力时，客观规律也控制着这些与意志力相对等的物理现象的相互关联。

我们的哲学所得出的观点是，就我们能够在我们的经验中区分主体性和客体性因素而言，这种主体性因素可以等同于既有经验的意识方面，又有其精神方面的物质因素和客观因素。对此我们现在可以增加的是，作为一个有用的类比，假定适中地坚持这一观点，可以说，有意识的目的是“质料”，客观世界的“虚空”则是随 184

机。在物理宇宙中,相对于虚空而言,物质只占据一小块区域;但是,我们或者正确地或者错误地把它看作更有重要意义的部分。以同样方式,我们把意识看作客观宇宙的重要部分,虽然它似乎仅仅出现在一个混沌背景的孤立核心之中。

第四节

我现在打算从科学认识论的科学背景转向其哲学背景方面。这个方面非常适合于同科学哲学最常接受的观点做比较。下列陈述是相当典型的:

> 认为科学关注经验的合理的相互关联而不是发现关于外部世界的绝对真理碎片,这种观点如今已被人们广泛接受了。①

我认为,普通的物理学家,就其坚持任何有关其科学的哲学观点而言,都会同意这种观点。"经验的合理的相互关联"这个用语具有某种正统意味,是赢得欢迎的保险的开场白。拒斥较为冒险的目的给人一种舒服的谦逊感受——如果我们想象某个他人受到责备,那就会带来愉快。就我而言,我接受这个陈述,假定"科学"被理解为是指"物理学"。我接受这个陈述花了将近 20 年时间;但是,通过这个阶段之间持之以恒地反复思考,我设法一点一点地消

185

① 《无记名评论》,载《哲学杂志》1938 年第 25 卷,第 814 页。

化掉它。结果我被这种轻率方式弄得哑然失色，因为这种携带着对哲学和物理学都有最复杂意义的声明被普遍地塑造并被接受了。

我从来没有同普通物理学家就其哲学信条认真争论过——除了他在实践中把它完全忘记以外。我的困惑是：坚持物理学关注经验的相互关联，而不关注关于外部世界的绝对真理——这种信念竟然通常伴随着坚定地否定把理论物理学当作是对经验的相互关联的描述，并坚持把它当作是对绝对客观的世界内容的描述。如果我在任何方面是异端的，这是因为它在我看来是接受这种信念的结果，因而我们将会更加接近物理学中所发现的任何真理，这种真理是通过寻求和使用适合于表达经验的相互关联而不是适合于描述绝对世界的概念而得到的。

这个陈述明显地意味着物理学方法能够发现关于外间世界的绝对真理碎片；因为我们没有权利从人类中消除关于外部世界的绝对真理，即使我们能够达到。如果以巨大代价建造和捐赠的实验室能够有助于发现关于外部世界的绝对真理，那么阻止它们用于这个目的是应当受到谴责的。但是，断言物理学方法不能揭示绝对（客观的）真理甚至绝对真理的碎片，便是承认了我的主要观点，即通过它们而获得的知识从整体上看是主体性的。实际上它极其坚定地承认了它；因为这个断言只应当在长期探究之后才可以做出。如我所述，不同于物理学和化学的科学并不局限在它们 186 的范围之内。在另一行星上发现明显的智能生命迹象应当被视为划时代的天文学成就，大加赞扬；几乎不能否认，这是对关于外在于我们的世界的绝对真理碎片的发现。

由于一直局限于物理学，通常接受的科学哲学是，它不关心发现关于外部世界的绝对真理，并且它的规律不是关于外间世界的绝对真理的碎片，或者如我所说，它们不是客观世界的规律。那么，它们是什么，以及我们是如何在我们的经验的相互关联中发现它们的？直到我们通过审视我们的观察经验的相互关联方法，看到了这些高度复杂的规律如何能够主体性地进入它之中，接受一种把我们同所有其他对它们的来源的可能说明割裂开来的哲学才似乎是不成熟的。这就是我们一直在从事的检验。

我们的旅程目的在经过如此辛苦的劳作之后显得有些陈腐。我们并不是要竭力达到一个孤独的顶峰，我们达到的是一个信仰者的营地，这些信仰者告诉我们："这就是我们多年来所确信的东西。"他们大概会张开双臂欢迎我们这些憔悴疲倦的旅行者，我们终于发现了真正信仰的栖息地。同时，我对这种欢迎抱有一点怀疑。或许这个断言，正像许多宗教信条一样，其意图只是为了背诵和接受欢迎。任何信仰它的人都会多少有一些异端。

第十二章 知识的开端

第一节

从现在开始，我们从整体上考察物理知识与人类经验的关系。187
这两种研究方式对我们都是开放的：

(1)我们可以从头开始重新建立我们的一般哲学，我们确信，在一个分支的仔细研究中所获得的经验，会有助于我们对哲学家们已区分出来的问题得出正确的结论。

(2)我们可以探究在现存的哲学体系中，哪一种体系同科学认识论所达到的结论最和谐一致。

第一条路线会把我们作为玩家带入这场游戏之中，而第二条路线则会把我们作为裁判带入这场游戏之中。

如果我们选择第二条路线，我们(作为科学家)自然地会采取如下观点：与科学认识论的结论相一致的哲学体系必须予以拒斥。更有可能的是，在这种一般哲学而不是在这种不牢靠的认识论原理(——这些原理的结论已经在无数的实际应用中得到检验)中，其假定或逻辑存在着错误。但是，把这种关于终极真理的裁判先放在一边，我们可能会集中于一个更加切近的目的。如果科学要研究经验的合理的相互关系，科学哲学家的努力就必定会把这种合理的相互关系从有限的经验领域扩大到整个经验。他的任务是提供**科学家在不抛弃其科学信念的同时所能接受**的一般哲学。如果我们的科学洞见尚未达到我们成熟的接受纯粹哲学真理的阶188段，这就不过是迫切地要求把我们的思想整合为目前的科学界限所能允许的真理的统一哲学而已。

如果这位进入科学领域的人遵循第一条路线，他就会感到自己处于不利地位。显然，他所处理的问题是成千上万的人终生研究的问题，这些人在大多数关键问题上学有专长。他的一个优势——这使他的进入成为合法的——是保持在这种背景中，即科学的认识论使他对这种论证必定会导致的某些结论，或至少它要竭力避免的某些结论，具有先见之明。因此，出于谨慎的考虑，我强烈地倾向于第二条路线，但出于清晰性的考虑，则迫使我采用第一条路线。为了弄清一个思维体系，人们必须从头开始，这似乎是不可逃脱的规则。追求清晰的欲望有时会要求我们把事情弄清楚，而这些东西保持模糊则可能更为安全；追求清楚的欲望表现为对我们的思想前沿的攻击，而这些东西有可能对主要立场来说是非本质的。在本书中，我的目的是要对哲学做出某些具体的贡献，而不是要提出一种完整的哲学体系；但是，这些贡献不可能在真空中或者（更糟糕的）在这些贡献得以产生的那种敌视科学思想的氛围中留下疑问，因此，我感到自己有责任在可能的背景中对它们做出大致描述，并且我希望这种描述在得到更好理解的一般哲学中能有一席之地。

在我看来，试图通过贴上古老的哲学体系标签而描述具有科学根据的哲学，这种做法并不明智。接受这种标签会使科学家成为矛盾的一方当事人，他们对此毫无兴趣，即使他们并不会把这些矛盾视作完全没有意义的。但是，倘若我们非得从这些古老的哲学家中选出一位领军人物，那么，毫无疑问我们会选择康德。我们不会只是接受这种康德主义标签；但是，作为某种致谢，可以正确 189 地说，康德在相当程度上预言了我们现在由现代物理学的发展所被迫承认的种种观念。

我们还可以参考另一种一般的哲学体系，即逻辑实证主义。我们坚持各种物理量都是通过这种方式来界定的，因而物理学的各种断言承认观察的确证，这表明它们同逻辑实证主义具有密切的关系。科学陈述的意义是由参照将被用来确证这种意义的步骤来确定的。这被认作是一种逻辑实证主义的信条——只不过在那里它被扩展到所有陈述。当它如这里一样被限定在物理知识方面时，它就不再有任何哲学信条的意义了；它不过是运用于理论物理学和实验物理学之中的语言路线，因此，我们不会宣称有观察来支持那些没有任何观察根据的断言。如果它是知识的一般特征，它对我们区分物理知识同其他知识丝毫不起作用。因此，我们不会特别倾向于喜欢逻辑实证主义如下更一般的断言，即所有非语言式陈述的意义都是用同样的方式，也就是通过参照证实它们的方式来确定的。

第二节

同逻辑实证主义相比较构成一种有用的开端，可以由此为出发点来探究其他类型的知识的性质。如果我对你们说“我很累”，你们都知道我的意思是什么，因为你们自己也曾经感到过累。你们可能会试图通过在我的行为方面寻找确证性的症状来确证我的说法；但是，即使这些症状提供了一种绝对可靠的检验，这一陈述的意义也是不能由参照这些症状来确定的。这个陈述的意思**是指**“我很累”，而不是指“我要打哈欠”。

190

必须承认，由这一陈述所传达的知识是有限的——比初看上去要有限得多。你们之所以知道我的意思是什么，这是因为我诉诸你们自己都曾经经历过的感受。但是，你们仅仅知道你们自己的疲劳感受，你们不可能知道我的疲劳感受。你们对我的意义（如果你们确定地理解这种意义的话）的理解是一种**有共通感的理解**。如果我们决定承认这种有共通感的知识是一种知识的话，那么这种知识一定既不同于直接的知识，譬如我们对自己的感受所具有的知识，也不同于结构性的知识，譬如我们对物理宇宙所具有的知识。

把这种有共通感的知识看作知识是正确的吗？就物理科学而言，这种回答是无关紧要的；因为我们已经看到，只有意识中关于感觉的结构性知识才是物理学中有用的知识，不论这种感觉是我们自己的还是任何他人的；并且这种知识不必求助于有同感地理解各种感觉，就可以自由地传达。但是，如果我们要正确地根据物理科学同其他人类思想分支的关系来看待或审视物理科学，就有必要对有共通感的知识做出断定。

一种可能是完全否定有共通感的知识的有效性，把它当作一种劝说我们自己相信我们理解某种我们不理解的东西的方法。如果是这样，“我很累”这种陈述就一定是对你们完全无意义的；因为它并不是指我经验到了你们的疲劳感受，也不是指对你们有意义的我的疲劳的物理症状。它的意义——对于它对其有意义的那个人——就会因而看上去落入逻辑实证主义的规则之中，即它是由参照确证它的程序而得到确认的。假定我变得不确定：它是一种疲劳的感受呢，还是一种使我讨厌继续活动的餍足感？我猜想，这种确证将会在于从记忆中呼唤某种已采用的疲劳感标准，并把我现在的感受与这一标准相比较。对这种疲劳知识的确证在本质上同确证长度的知识是相同的，除了我自身能从事这种确证以外。 191

但是，在做出决定之前，我们应当注意，关于我们自己的感受的记忆，会出现非常类似的困难。当我检查我的知识的总体时，我发现它的部分是由对我的感受的直接意识所构成的，但是更多的是由对我的感受的记忆所构成的。记忆是我直接意识到的东西；但是，作为直接意识的客体，它又非常不同于感受本身。任何人都不可能弄错关于牙痛的记忆。

因此，如果说我对我自己的感觉有直接的意识，这是不正确的，除非“感觉”一词被局限于当下时刻所出现的感觉——这种限制与通常的用法是矛盾的或相反的。关于先前的感觉，作为集合其知识的“我”失去了它曾经有过的直接意识，只是通过记忆而知道它们。因此，由于把我在此刻所感受到的瞬间知识撇在一边，我的知识中稳定的部分是关于那些叫作关于感觉的记忆，或者就像也许更为清晰地称呼它们的那样，记忆性感觉的比较迟钝的知识。我可以直接地意识到记忆性感觉；但是，一种普遍的思维形式认为，记忆性感觉被认为不是其本身是重要的知识的构成要素，而是一种对我没有直接意识的过去感觉的间接把握。简而言之，它是对过去的感觉有共通感的知识。

对我们自身的过去感受有这种有共通感的理解，与对于他人的感受有共通感的理解，这两者之间的区别随着我们追溯到遥远的记忆之中而会缩小。我对感受的记忆追溯到儿时的记忆时，这种记忆相比我现在的许多切身感受要陌生得多。我怀疑我自己是否真正知道对他来说感受到了什么事物，有何种味道，看上去如何，相比我知道的当下与我谈话的一个人，我可能更有可能知道这个人对事物的感受是什么，更有可能知道在他看来这些事物是什么。

192

如果我们否认所有有共通感的知识，我们的观点就会变得不仅是唯我论的，而且是极端唯我论的。我们会把世界当作只存在瞬间发生本身的世界；因为我们否认**所有**关于先于它的自我的知识。记忆告诉我们的先前的自我作为假设的有共通感的理解的建构被消除了，这种理解劝说我们相信我们具有一种我们不曾有的知识。另一方面，如果我们承认有共通感的理解哪怕对解释记忆只有有限的需求，我们也会承认既不是结构性知识也不是直接意识的第三种知识。这并不会得出结论说，我们对他人感受有共通感的理解一定不会被当作真正的知识；但是，对其可能真实性的主要反对意见则会被拒绝。

从广义上来看这个问题，我认为，我们不能否认在人类知识的总体中有一个地方，只能通过有共通感的理解来把握知识。由于我们已经认识到知识中有主体性要素，因此就有必要清楚地显示我们正在考察其知识的这种主体—伴侣。在“人类的知识”中，这种主体－伴侣并不等同于“我的知识”中的主体－伴侣；人类知识精确的具体化一定要依赖于我们关于人性的概念。如果我们把这种共通感能力看作病态的产物，那我们拒斥这种自称已被把握的知识就毫无疑问是正确的；正如威尔斯(Wells)故事中的那些盲人一样，他们把光看作是脸上两个软坑的病状所造成的大脑病态波动，因而根据他们拒绝那位陌生人的视觉知识的观点来看，他们是正确的。但是，除非我预先承认我对他人心灵的假定理解是有效 193 的，否则，我如何界定人类的本质(不同于我的特殊本质)呢？没有能使我把自己认作不是一个纯粹的个体，而是一个社会复合体的要素的共通感能力，“人类的知识”概念就不会出现；因此，在界定人类的知识范围时，拒绝这种能力是不合逻辑的。

没有人会相信唯我论，甚至很少有人会声称他们是唯我论者。被“存在”一词所困扰的人们有时会做出结论说除他们自己的意识以外，还存在着他人的意识。也就是说，其他意识可能是他们从未完成的那个神秘句子的主语。采用这种认识论进路的人把他们的主体问题当作体现了其他与他们自己的经验具有同样根源的个体经验的知识。从形式上看，这是不被承认的；理性并不会必然地选择一种特殊的研究体系。但是，毫无疑问，这种选择是由那种类似于宗教信仰的确信所决定的，因而这种共同起作用的知识是最值得的。这个确信与唯我论观点是不一致的。

把意识归之他人同时又根本不知道我们归之于他人的是什么，这样说是无意义的。但是，意识并不是一种可由纯粹结构性知识加以描述的结构性概念，意识也不是任何我们归之于他人且具有直接意识的东西，因为它不是我们自己的意识。因此可以做出结论说,如果我们承认不同于我们自己的有意识的存在有任何意义,那么他们的意识一定既不是结构性的知识,也是没有直接意识的知识,而我们对此却有一定知识;对它的任何描述一定可以根据194 我们称之为共通感理解的第三种知识来表达。我们通常把他人的意识界定为与我们自己的意识具有某种类似性的东西。但是,我们很少能把一般的相似性等同于细节上的完全不同——我们会断言,在他人的意识中,任何东西都完全是由我们自己的意识中所假定的对应物错误地表达出来的。因此,我们通常必然地会把对他人意识的共通感理解与隶属于它的感受的共通感理解做某种衡量,并把它们结合起来。

我们的结论是必须承认关于共通感的知识(这是唯一可替代唯我论的知识),然而承认这种知识并不意味着我们通常假定自己具有的关于他人感受的知识毫无疑问就应当被接受。色盲的体验告诉我们,一个人关于颜色的感觉不可能与他人的颜色感觉相比较。你关于红色的感觉与我关于红色的感觉是否相似,这个问题似乎不可能有任何意义。但是我不敢说下列说法同样没有意义:你对红色的感觉相对于我对音乐符号的感觉而言更像我对红色的感觉——尽管我承认我没有看到某种意义。如果我们超越感觉,思考类似的问题或陈述,譬如说,下列这类感受——时间的流逝、犯罪感、糖的味道、恋爱、牙痛、笑话的乐趣——我们的理性会一起反抗。意识中如果曾有关于这些感受的一般位置,它就根本不可能被承认是意识。

对物理学家来说,愉快的是他具有独立于共通感知识的领域,并且他能把下列任务留给具有专长的他人:如果我们能进入他人的心灵，我们就能对他人的心灵像什么具有共同的概念，人们能对这类真相做出分类。因此，我们只需要全力以赴表明一种哲学观点的本质即可，这种观点将会使我们摆脱要么否认物理知识以外 195 还有任何其他知识，要么导致唯我论的两难困境，而唯我论是我们在物理科学发展之初就加以拒斥的。

第三节

现在我们考察科学知识和其他所有知识必定会从中产生的共同根源。呈现给我进行研究的唯一主题是我的意识的内容。根据通常的描述，这是各种感觉、情感、概念、记忆等等的混杂集合。在这种集合中，知识的原材料和经过加工的智力活动产品同时存在。我们希望区分出这种原材料——习惯的思维形式的介入尚未玷污的原始材料。

在我看来，必须认识到这是一种不可能实现的理想。我们的感官知觉的能力可通过训练加以改变；并且不可能认为它可以完全摆脱由各种生活条件和环境的适应强加给它的训练。我认为，如我们所知，如果没有具有集中、比较和区分功能的心灵活动，感觉就能够存在。我们称之为感觉的东西绝不可能纯粹是由感觉得来的。但是，最好是把这个问题留给心理学家去研究。在任何情况下，总是存在着实践上的困难。我们要追根溯源，探究知识的根源；但是，我们所能达到的最原始材料不会完全独立于原始的思维形式。我们不得不用头脑思考，并且一定会尽力地利用大脑思考。

实际上，正是原始的思维形式之一，即分析的概念，以感觉、情感等因素的集合形式向我们表征着意识的统一性。意识可分析为196各个部分，表现着物理宇宙可分析为各个部分的同样问题。我们通过何种标准，能把这种所接受的分析体系同其他可能的分析体系区别开来呢？这种理想的部分是自足的吗，因此，可以没有矛盾地把它看作独立于其他体系吗？

我要坚持的观点是：意识是一个整体，可以把这个整体分析为各个部分，而不是说这个整体是所谓汇集为意识的一些离散单位（感觉、情感、思想等）。我还认为，我们的日常分析是相当粗陋的，并且这些组成部分之间具有相互重叠和相互作用。我们称之为单一感觉的东西不可能严格地同情感、记忆、概念形式等它在其中出现的环境区分开来。

在所有知识分支的这一会合点上，我们必须区分出可导致物理宇宙知识的那个分支。这种知识的原材料包含在叫作感觉和或感官印象的各部分意识之中。这两个名称具有非常不同的意义；"感觉"只能归结为那些我们可直接意识到的特征，而"感官印象"则是指通过感官所传递的同物质刺激的假定联系。在这个阶段上，虽然我们仍在寻求通向物理宇宙并因而通向我们的身体和感官的途径，"感官印象"一词却是不成熟的。如果我们通过物理宇宙同意识的感觉结构的一般联系来界定物理宇宙，然后再用物理宇宙被界定的部分（感觉器官）来决定我们的意识中哪一部分是"感觉"名称所指的东西，那么这里就有一种错误循环的危险。因此，这里就会出现的问题是，感觉和其他意识的区分是我们直接意识到的区分，还是我们后来得知感觉印象之时所输入的。我认为答案是通过直接的知识，我们能在感觉与其他意识内容之间做出原初的分类;但是,这会被解释为把感觉与感官印象相等同的更为精确的分类,并最终被这种更为精确的分类所取代。197

这个问题因下列事实而得以极大的简化:虽然我们的所有感官都可用来探索物理宇宙,但它们中大多数却是累赘多余的,只能证实可通过其他感官而获得的信息。所以,不必在这个阶段知道"感觉"一词的精确范围。如果我们能通过直接的意识而区分出特殊的一类感觉就可以了,因为通过其本身就足以显示所有已知的物理宇宙。从理想上说,我们关于物理宇宙的所有知识仅仅通过视觉就可以达到——事实上是通过无色、无立体范围的最简单的视觉形式就可达到。[①] 所以,我们可以把一项物理知识看作是对视觉上所知觉到的或将要知觉到的东西的断定。因此,对生理学和实验生理学的检验,即用来区分感官印象同其他感受的方法,可以通过视觉术语来描述。以这种方法,我们就可以界定感官印象的范围,而不必通过直接的意识来界定整个的感觉范围而试图初步界定感官印象。

感觉与其他感受之间的区分并不像我们有时认为的那样是自明的。有一种关于界限的案例是特别重要的。我们关于时间流逝的感受是一种感觉吗?我们不可能设计一种直接的科学实验,使它比我们的回溯性判断更加具有包容性。但是,一般的科学探究更喜欢我们的时间流逝感受是一种感官印象的观点;也就是说,它同来自物质世界的刺激的密切联系如同对光的感觉一样。正如某些物理干扰通过视神经而进入大脑细胞从而引起光的感觉一样,

① 《科学的新道路》,第 13 页。

不论通常在脑细胞或在特殊细胞中发生的熵的变化如何，也会引起时间连续性的感觉，较大的熵的时刻可以被感受到在后面。在198我早期的著作中，我曾相当充分地论述过这个问题，因而在这里就不必再增加更多的说明了。[①]

除了我直接意识到的感觉以外，我承认还有两种我没有直接意识到的感觉：(1)我记忆中具有的关于过去的感觉；(2)他人告诉我的他们具有或曾经具有的感觉。物理科学公认的是，作为知识的原材料，这些感觉都建立在共同的基础之上。

承认某些记忆可以被当作关于过去的感觉的知识，这对物理科学是必不可少的；因为正如我们在后面将要看到的那样，走向结构性知识的第一步是对意识中的各种感觉进行比较。物理科学的材料不是对感觉的意识，而是意识到感觉类似于或不同于我们先前具有的感觉。承认这一点，仅仅一个人的各种感觉就可提供足够的结构分析的材料；并且有可能由此发展出一种科学理论，除了它是以某种自我中心的思维体系提出以外，这种理论将会与通常的物理理论相一致。但是，由于这种分析绝不会把我们弄到一个单一意识之外，它将不可能对外在于我们的意识的世界提供指示。物质世界的外在性源于如下事实，即它是由存在于不同意识中的结构所构成的。

因此，承认有不同于我们自己的感觉，虽然直到相当晚近的讨论阶段还不是必需的，却是**外部**物质宇宙的起源必不可少的。我们对某些听觉和视觉(听到和读到的词语)的直觉意识通常被假

① 《物质世界的性质》，第100页

定为是关于出现在其他地方而不是我们自己的意识之中的(由听到和看到的词语所描述的)不同感觉的间接知识。唯我论将会否 199 认这一点;并且正是由于接受这一假定,物理学宣称自己反对唯我论的主张。

第四节

在许多语言中,需要有两个动词来涵盖英语动词 know(认识、知道、了解)的含义。当我们说我们知道我们自己的感受时,其含义通常是"认识、了解、知道"(kennen,connaitre),而我们在本书中主要关注的则是"懂得、熟悉、知晓"(wissen,savoir)意义上的"知道"(know)。有必要非常仔细地审视我们的直接意识的性质,以便弄清它给"科学"(Wissenschaft)意义上的知识所提供的材料。

对于"我们最直接地意识到的是什么?"这一问题,最常见的回答是"感受和意识内容的其他部分"。但是,这是一种惯常的说法。感受本身是一种意识。我们称之为有感觉的意识的东西除了其自身以外没有任何语法上的宾语。我的意识是我的觉识,而我的意识的组成部分——感受、情感等——则是我的觉识的组成部分;它只不过是由语言所增加的东西,这种增加导致我们以"对感受的觉识"这类术语来重复这种觉识。我们现在的目的是表明觉识既是有见识的也是有感觉力的;而有见识的觉识具有语法上的宾语,即是一项知识。

请考察"我意识到我感受到痛苦"这个陈述。这是指我知道我感受到痛苦，其意思就如同我也知道其他事实，例如太阳已经升起一样。“意识到”在此是唯一地用来区分我已经获得了那个知识的方式。（我所具有的太阳已经升起的知识根本不是直接意识的问题——因为它可能碰巧一整天都是模糊不清的）。但是，有必要关注的是，我直接意识到的是某种事实，而不是“我感受到痛苦”这种词语形式是对该事实的正确描述。词语形式的干扰在讨论知识的要素时造成了十分棘手的困难；这种描述越精确，它对我们的知识的描述就越宽泛，并因而会从我们集中注意力想讨论的特殊知识要素方面转移开注意力。不精确的描述并不是理想的逃避这种两难困境；因此，且让我们尝试另一种方法。

假定我突然说一声“哎呀”。它所传递给你们的完全是前一个陈述“我感觉到疼痛”的意思。它具有任何心理学理论不曾具有的优势；它不是在并非整体上产生于直接意识的知识中缓慢前行，像任何在精确的描述中试图做的那样。通常它是不经意的评价，但遗憾的是它不是精心地使用我们想精确传达的某种表达方式。直接意识所获得的典型知识要素是我们通过突然说出“哎呀”而传达给他人的东西。

无疑一项知识被传递了。当牙医在医治过程中问：“疼吗？”而我回答“哎呀”时，医生就获得了确定的信息。显然，我自己在牙医之前就获得了那个信息；并且实际上这正是我想传递给牙医的一项知识。而且显然也是清楚的是，这种知识是由直接意识传递给我的。

在我看来，这使我确定无疑的是，意识不仅是知觉到的，而且是获得各项知识（Wissenschatf）的手段。当这种知识被转化为词语时，就会出现混乱，因为选择精确的用词依赖于一般的知识，而这种一般知识并不是由直接意识所获得的规则。唯一例外的是，我们能给通过直接意识所获得的知识赋予词语表达方式，同时又不给意识掺杂。通常，证词表达方式必须被视为一个指针——它可以表示知识，但其本身却并不构成知识的组成部分。

第十三章　知识的综合

第一节

201　在考察由直接意识给知识所提供的原始材料时，千万不要忘记，对这些材料的描述并不是这些材料的组成部分。为了使诸位了解我所指的是什么材料，我必须使用一种词语形式作为指针；但是，即使这种词语形式是关于这种材料之真相的精确表达方式（情况偶尔碰巧会这样），它也只是随后的探究所达到的真相，而不是给予我们的作为原始材料的真相。

一位陌生人来到一个国家，他的语言资源对他来说不再有任何作用，此时，他便会通过指认来进行沟通。在讨论知识的起源时，我们处于同样的境况，因而必须做许多指认。但是，作为指认在严格意义上是不可能的，要进行指认我们就不得不使用词汇和术语。这种用语言来指认必须同用语言来明确地描述区别开来，后者只有到后期阶段才有可能开始。对此，逻辑推理不适用，因为推理只能根据材料来进行；而且指针本身并不是材料。我们并不拒绝逻辑思维，但是我们坚持认为，它应当被应用于实在的材料。

因此，在哲学的开端处出现的基本难题中，词语的形式一般地说是人们应当最后给予关注的事情。词语表达要么表现着史前的语言发明者的哲学观点，要么不成熟地假定了我们的任务是通过探究而发现真相。再考察一下这一陈述："我意识到我觉得疼痛"，你知道这句话的意思是什么，因为你自己不时地有这种意识，它起着指针的作用；并且如果你认为这位说话者不是在撒谎，你就能接 202 受它（意思是指你已经认可了它）是知识的材料。但是，也可假定你不接受体现在这一陈述中的哲学——即有一位知觉者"我"在感受，同时又有一位作为智者的"我"意识到了这位知觉者"我"在感受，或许这里有"我"的无限回归，每一个"我"都意识到依次出现的下一个"我"意识到了某物——是知识的材料。即使你碰巧同意这种哲学，你也会明白，对于这一陈述中传递的知识而言，这丝毫没有意义。一个人不必是哲学家就能意识到疼痛。

让我们考察一下这一描述（虽然不是那种材料）缘何会引入两个"我"，而且我们发现这两个我难以完全等同。这是认识者通常与感受者并不完全重合这种非唯我论观点的结果。其他人的感觉同我们自己的感觉一样重要；并且知识的通常形式是"我知道如何如何感觉到疼痛。"当出现例外情况时，这种形式一定不会改变；因为给我们自己的感觉赋予任何种类的知识优先权或特殊性都是一种唯我论。因此，这种描述必定表明知识的拥有者和感受的拥有者是相互分开的，即使这种知识和感受两者都是同一意识的组成部分——在相当程度上这些部分是重合的。任何人试图声称这两种拥有者不能完全等同，都将被证明是错误的，因为它误解了作为**指示物**的词语形式的功能。被指向的东西，即材料，表现为认识与感受是一种意识的不同组成部分，这种意识不同于由言辞指示物

“我”所表达的其他意识。

应当注意到,“我知道”是一个幂等的术语(第162页):

我知道我知道那个=我知道那个

203 重复与自己的指针值没有差别。这两个术语意味着(即是指)当我们考察表面上是相同的另一种显然是无意义的说法“我不知道我知道那个”时,所看到的是完全相同的事情。[①] 如果我们以符号 J_A 来代表“A 知道那个”,陈述 $J_A J_B$ 通常是不可约的;但是,在特殊情况下 $A=B$,我们就有 $J_A J_A = J_A$。这种重复可以任意次的重复进行;因此 $J_A J_A J_A \cdots\cdots J_A = J_A$。

在我们的日常语言中,感受与知识相联系,即知识就是这种感受存在着。在完成这个“未完成的句子”方面没有任何含糊不清;感受存在于意识之中,或者是意识的一部分。对唯我论者来说,这是一个自明之理,因为感受是赋予意识之一部分的名称;而且只有一种意识——他自己的意识——对它而言是其一部分。但是,当我们承认不止一种意识时,由于增加了使用指针来指示感受存在于其中或是其一部分的特殊意识,我们就使得知识比感受更为复杂了。

第二节

由于关于物质世界的知识来源于感觉,让我们讨论一下具体

① 须记住的是,“知道”并不意味着“确切地了解”(第1页)。

的感觉，例如，被描述为“我知觉到格林威治时间信号”的感觉。显然，在这种描述所包含的信息中，有一部分不是该感觉的组成部分，其本身也不是直接的理解。现在我们必须拷问：这种描述的**任何**组成部分是直接理解问题吗？尤其是，我们能直接意识到这种感觉是一种主客体关系（这种描述所包含的就是这种形式）吗？我并不认为我们具有这种意识。如果我们愿意，我们可以用如下假定做实验，即感觉是或者可能表现为主体（“我”）与客体（“材料”）之间（被知觉到的）的关系；但是，这非常不同于断定我们直接地意识到了它是这样一种关系。该实验不成功，在我看来，这是实在论哲学不结果实的表现。这种关系的客体性目标是死路一条。但是，且让我们更仔细地考察一下这种关系的主体性目的。 204

迄今为止，“我”这一术语对我们来说是一个指针词汇，被用来表示感觉构成其组成部分的具体意识。同样的，它是附加于意识之上的标签，在我们每次使用指针性术语时，用来拯救这种指示，使之摆脱困境。当我们通过分析的概念把这种意识区分为一些感觉、情感等等之时，我们就把“我”——或者顺从语法学家，把“我”说成“我的”——这个标签附加于每一部分。这种修正后的标签除了在整体“拥有”部分的意义上以外，并不表示拥有；它并不假定有一种不同于该意识的所有者，它拥有所有的部分，因而拥有整个意识。尽管如此，“我”的功能作为标签并未穷尽通常附加于“我”的意义。在我的意识内容里有一种自我意识。用主客体关系的语言，我们可以说“我意识到了‘我’”。如果不把自我意识认同为主客体关系，我们就会把它当作一种指针，并承认它所指示的原始材料。这样一来，问题便转变为：与这种自我意识的材料相关联，我们给"我"附加了什么意义呢?

我们必须牢记,分析的概念是一种思维形式;并且虽然它对意识的应用具有某种有用的目的,却丝毫不能保证把这些可分析的各部分简单地放在一起,即使没有黏合物质,它们也会再生为整体。在物质性宇宙中,分析可以更加系统地得到应用,并且可以采取更大的警惕来保证这些部分的不重叠和恒久性自我满足。但即使在这种物质性宇宙中,作为要素的各部分也不能严格地相分离。205 一种单一的感觉更不可能与其出现于其中的情感、记忆和智力活动严格地分割开来;它也不能严格地同把注意力指向于它的意志力相分离,与体现知觉者关于它的知识的思想相分离。因此,一种特殊感觉所隶属的意识不是把它当作一种标签,而是当作一种环境。

我具有关于某种感觉的知识,我还具有它是或曾经是**我的**感觉的知识。如果我是一个非唯我论者,这第二个陈述结合了两种材料。一种材料是指把感觉分类,使之隶属于一些不同的意识,如果所有我承认具有一定了解的感觉在一种意识之中,那么这些不同就会消失。但是,其他材料则同"我的"实证方面有关,没有达到与"他的"相对比的地步,因而即使对唯我论者来说也仍然是有效的。正是这种感觉并非是独立于其他意识要素的自足的意识要素,而是被我们以某种粗糙方式加以切割的、作为整体呈现给我们的意识的组成要素之一。被假定为自我意识之对象的"我"在这个第二方面中是"我的"一种相关物——是起着**联合或联结作用的**"我的"相关物——其意义相当于被假定为意识动词之主体的"我"是作为标签的"我的"相关物一样——与"我的"相对比。主格、宾格和所有格都被忽略了，因为语法规则并不是为指针语言而设计的。所指示的材料分别可与隶属于另一意识的感觉相对比，并且可与有意识的认识统一体相对比。这种有意识的认识统一体是为了防止它表现为自足的各部分的聚合。

在我看来，我们可以把自我意识与对这种意识统一体的觉识相等同。在一种意义上，自我意识可以被视为意识的“组成部分”，正像作为要素的粒子之间的相互作用可以被视为物质性宇宙的组成部分一样。但是，它与其他部分则不是同质的；并且在严格意义上，“部分”的意义不能与作为结果的分析系统相分离，自我意识不是一种可分析的部分，而是分析没有触及的剩余部分。 206

在对自我意识“我意识到了‘我’”的主客体式描述中，第二个“我”代表意识的统一体。若把它区分为 I_2，那么，I_2 便是在你没有任何感受、思想等而想象我时所感受到的东西，是由分析的概念所虚构的东西。这些虚构内容是各种各样的，且不必修正与它们相联系的作为本质的“我”。也许有人会反驳：这样描述 I_2 精确地适合几个小时以前还是熟睡的“我”——这似乎导致了归谬论证，即正是在睡觉中本质的“我”从思想和情感的混合中显现出来，而在通常情况下，这些思想和情感则会遮蔽它。但是，这类似于论证蓝色的本质属性只有在它没有因触碰任何东西而玷污自身时，才可得到最好的展示。为获得我们在自我意识中才能觉察到的 I_2，思想和情感必须被抽象出来，而不是被消除。意识的统一性**因为**有其需要统一起来的诸部分而得以显示。

上面的内容可小结如下：“我”首先是附加于特殊意识的一个标签或指示词，因而会导致通过分析的概念而把意识注入感觉、情感等；其次，由于同自我意识相联系，正是"我意识到的'我'"这一部分词语形式可用来指那些逃避了分析概念的东西。这个术语所指示的材料是我们的整个意识并未通过我们习惯上予以分割的各部分而充分呈现的材料（我们对之有直接的知识）；换言之，它是一个统一体，而不是各部分的堆积。"我"在第一种情况下成为主体，而在第二种情况下则成为动词"意识到"的客体，这似乎不只是语言的习惯。当我们试图理解这种词语的用法时，我们发现没有任何东西支持这种意识是主体－客体关系，抑或是主体－不及物动词关系。

207

第三节

我们现在着手考察这种关系的所谓客体－目的。就物理学的目的而言，被描述为"我知觉到了格林尼治时间信号的声音"，这种直接意识的唯一价值在于，它能与另一种我记得曾经有过的直接意识，并且在某些情况下被认为是同样的情形相比较。物理学的典型材料因而是"我有一种以前在同样情形下曾经有过的感觉"。假定能够找到一种方法，可以用某种方式来描述先前的情形，从而使得他人能够以他们自己的经验来确认这种情形（若无这种方法，信息则是毫无价值的），那么，这种材料所表示的就是可传达的知识。没有必要假设知识所要传达给的那个人对我的听觉有任何共通感的理解；他也许完全耳聋，无法想象对声音的感觉究竟是何物。

在第九章所描述的关于结构的故事表明，根据那种方法，这种可传达的知识需要精心准备，使它完全独立于不可传达的个体感觉。“先前的情形”是通过与同一种意识中的其他感觉或感觉群相联系而得到确认的，它们反过来可与同样的或早或晚的感觉相比较，并可发现它们是相同的。最后，从这些比较中，我们可抽象出一种连锁模式，可以从数学上对之予以描述，并表现为关于所研究的那种意识的感觉内容的有结构的知识。

在视觉的情形中，这种结构更加是自明的。不必对先前的感觉有记忆，我们就能在任何时刻探测到我们所见之物中的某种模式。正是主要通过视觉，形成了我们关于物理世界的日常知觉。208 但是，只是因为它很容易导致其自身达到有结构的探究，我们早期的那些不熟练的探索便对它反复琢磨，并且很难找到清晰的开端，以便把这种结构的数学本质与包含于其中的意识形式区分开来。我们善于显现结构的习惯使我们更难理解关于这种结构的本质的抽象。

作为这种可传达的有结构的结果，我们很快就会发现，不同意识的有结构的内容并不完全独立。这样一来，问题便产生了：我们如何表示这种非独立性？我们可以从下列简单情形着手进行讨论，即在几乎所有意识中都存在着相同结构，这就是，譬如，我们能传达我们在看到繁星闪烁时所产生的视觉结构。我们拒绝如下观念，即在如此众多的意识中所存在的这种高度特化的结构纯属巧合，因而我们可以致力于这样一种假设，即许多类似结构都是一种原初结构的复制。这正是因果关系观念的萌芽。用因果关系的语言来说，我们可以把不同意识中的类似结构归之于包含这种相同结构的同一原因。

一种可能的假设是,这是遗传的结果。正常的意识可能会包含这种特殊的结构,其理由正如正常的身体包含着另一个叫作肝脏的特殊结构一样。然而,这个假设被新星的出现推翻了。这些是视觉结构的变化,同时出现在所有意识之中,我们的共同祖先显然不能为此负责。这种共同的原因不可能处于任何不是唯我论者 209 的意识之中,也不可能处于祖先的意识之中;因此,它必定处于任何已被认识到的意识形式之外。这个个体意识之外的领域,即不同意识中的感觉结构的共同原因所处的地方,叫作"外部世界"。

通过把其他意识看作与我们自己的意识相同的东西,我们已经使自己全盘接受了个体意识之外的领域。尽管如此,当我们发现所有共同的意识都具有类似结构,并引入包含着这些结构是其复制品的原初结构的外部世界时,依然是一个重大量级的新进步。由于外部世界是作为结构的容器而被引入的,我们关于它的知识便局限于有结构的知识;物理科学便成为对这种有结构的知识的研究。但是,在必要时(一旦这种情形出现),为了包含我们的物理知识之外的知识,可以扩大外部世界的功能。如果我们有理由不满足于外在于我们的纯粹物质世界,仍有余地对"某物"做出精神性的解释,那么对这种精神性存在而言,物质性的宇宙只是其抽象的结构。

首先,关于外部世界的这种原初结构如何被复制为或再生为意识中的感觉结构,我们并没有提出任何理论;我们只是认可,在排除纯粹巧合的情况下,在许多意识中出现的同样结构是一个迹象,它表明某种原初的结构存在于这些意识之外的领域中。这样一来,这种宏大的综合场景便被传递到外部领域。在这个外部世界里，那些结构碎片本来是我们自己的和其他意识的感觉结构的来源，现在却成为有待于拼装到一起的拼板玩具碎片。这种极为复杂的综合是物理科学一直以来在漫长岁月里缓慢完成的任务。错误总是经常出现。尤其是早期的理论试图把并非纯粹的结构性知识交织到这种综合性知识之中；只是在最近这些年里，物理理论 210 才在形式以及在事实上成为一种数学的组群结构理论。但是，早在这种综合中就有可能识别出外部世界的结构可用来从它们的原初位置传递到意识之中的某些步骤。也就是说，通过把这些结构拼到一起，我们就能获得一种综合性的结构，这种结构不仅包含着起初的那些碎片，而且包含着一种繁殖结构的机制。

在这一综合过程中，我们学会了撇开那种早期的粗疏本能观点，不再认为"看见"是一种刺穿活动，就像公园管理员收集垃圾一样在收集信息。我们对星座的视觉结构多次地在外部世界——在一组物质客体中、在光波中、在视网膜上、在视神经中、在脑细胞中——重复着或复制着。在现实的感觉中，这种重复或复制以这种序列连续不断地进行着。当我们的物理知识达到这一阶段时，我们就有权利用感觉来替代"感觉印象"。除了我们对这种感觉的直接意识之外，我们现在已有直接的知识知道，它是与结构性知识的综合中所引入的神经和感觉器官相联系的。这种"感觉论"当然一直在物理科学的发展中得到了自由的应用。在任何阶段，都可以把它作为一种可由实验加以检验的合理假设而引入。但是，这并非是探索科学基础的逻辑起点；在审视包含在物理科学之中的知识的性质时，我们必须进一步回溯到独立于感觉理论的材料，即同样的感觉结构出现在不止一种意识之中，更多的是经常可以由巧合加以说明。

第四节

211 作为物理科学方法的对比，让我们看一下实在论哲学是如何尝试处理这种关系的客观目的的。在我看来，它对这种灾难性影响提供了一种说明，而这种灾难性影响由于通过非哲学的语言塑造者而强加给了我们，有可能会对我们的思想产生影响。

下面是实在论哲学的典型导言：

> 显然，不论何时我有任何种类的经验，不管我是在做梦、思考、幻想，还是仅仅在知觉着，某种东西一定要被梦到、被思考到或被幻想到，或被知觉到，因而我的心灵与这种某物具有某种关系。①

这一论证继续指出这种"某物"与心灵可能会有不同的关系；对于被知觉之物而言，它们也可以被记忆和想象。它要证明的是心灵中的东西不可能与心灵具有这种多样性的关系；因此这种"某物"不是心灵的组成部分。其结论是：

> 它是一种同时对所有精神活动既是共同的又是相异的特

① 乔德(C.E.M.Joad)：《哲学指南》，第66页。乔德并不总是陈述他自己的观点。

征，因而它们能意识到是某种不同于其本身的东西。说一个活动是精神的，实际上是说它是一种对某物而不是对其自身的意识。这个结论需要的推论是对其具有意识的"某种他物"不受心灵对它的意识的影响。换言之，作为被经验之物，它恰恰正是其所是，仿佛它没有被经验到一样。①

这将是值得称道的探索性活动，如果我们的目标是要发现言语的先驱者的哲学观点的话——这些先驱者应当在起源上为我们把语词连成术语和句子负责。但是，为何要把这种东西复活，用它来充当20世纪哲学的基础，这是我不能理解的。 212

"做梦"与"梦见一个梦"之间，或者"思考"与"思考一个思想"之间的意义没有任何区别。初看上去，"梦见一个梦"似乎是一个无意义的重复。但是，如果期望进入具体，语言不能提供任何把它们附加于一个动词之上的方法；我不能说我正在掉进悬崖绝壁的梦中。我必须给这个动词一个宾语，即使它只是一个虚拟的宾语，附加给这个宾语的是我希望加上的具体东西。因此，我所陈述的具体内容作为对我的梦境的描述，如果语言形式允许的话，有可能同样的是对我做梦过程的具体情况的描述。实在论者成功地造成了这种虚拟的客体，并且说"因此你可以承认**某物**被梦到，即你非常活灵活现地描述的那个梦。"我不承认任何这类东西。我所承认的全部东西是，语言规则迫使我的谈话中仿佛是我承认了它。

同样，"过一个生活"与"生活着"是同样的。从语法上说，生命

① 乔德(C.E.M.Joad)：《哲学指南》，第74页。

是某种活着的东西；但是，在现实意义上，我的生命和我的生活是相同的。判决一个人的生命可以被赋予各种细节，而不是他的生命（生命被认为是不可分析的活动），这是一种语言的暴政。我们将会看到，一种辩证的哲学具有巨大的机会，它声称可清除所引入的混乱。因此，可以指出“感觉”既可能是指“正在感觉”，也可以是指它“已被感觉到”；有人指出，在某些哲学中，这两种意义被混为一谈了。但是，这里并不存在两种意义的混淆——它们不过是具有同样意义的两种语法形式而已。正是那些批评家自己因引入感觉材料即某种被感觉到的东西，认为它不同于正在进行的感觉，以便提供第二种意义，而把这两者混淆了。

213 认为（由动词和动名词所表达的）活动是一种简单的活动，这类活动属于（由名词所表达的）被动结构，这种观点有其纯粹的语言学根源。缺少动词形式是数学家所熟悉的，他们把这些动词形式看作是日常语言的难题，很容易用他们自己的符号语言来克服。因此，加倍、三倍、一点五倍等是可能的，但是这种表达运算种类的方式很快就被弃之一边了；人们转而使用一种动词形式“相乘”，并把所有种类的运算都转化为称作数字的名词形式。因此，也许有人会说“显然，不论何时任何东西被乘，必定会有某物与它相乘，并且这种某物，譬如说 2，其本身不是一个乘数，而是一个独立存在，正像只有当它不是一个乘数时，它才是一个乘数一样”。如果我们执著地坚持双倍、三倍等，这个论证就不会出现，因为任何东西都不会给 1 加倍。

缺少动词形式和限制动词形式的短语，使得人们很难把意识描述为我们所了解的其本身的状态——一种极端多样性的活动。

根据习惯的语言，我们的智力活动的多样性仅仅被描述为思想的多样性，而不是我们思维的多样性。这在物理学家看来根本没有区别，物理学家仅仅关注结构，因为这种思维的结构也是思想的结构。但是，它导致许多哲学家把感觉材料中的全部多样性放在了意识之外，并把意识限定在一些不能分析的活动——即其自身之外的各类知觉、设想、记忆、情感活动之上。但是，它并不是活动的本质特征，因而它是不能进一步分类的。譬如，说明时做手势有诸多各式各样的活动——耸肩、挥臂、摇头等等。我们可以直接地描述这些种类，不把"说话时做手势"扩大为"做出一个姿势"，并进一步对这些姿势做出分类。因此，正如我假定的那样，实在论者将不 214 会坚持无论何时我们做手势，某物一定被做手势了，因而该某物没有受到我们关于它的手势的影响，实际上恰恰是它没有被做手势时的那个样子。然而，我有时会奇怪，一位实在论者怎么会把这种已知的手势看作是"作侮辱性手势"。显然，似乎某物一定被侮辱了；并且我担心唯一的逻辑结论是存在着一个包含非侮辱性手势的领域，它们恰恰是在它们没有被侮辱时的那个样子——但是，当哲学家们试图表达他们彼此所思考的观点时，或许所要追求的这种思想太危险了。

在我引用的那个实在论导言中(边码第 211 页)，感觉材料的概念不同于感觉的地方似乎有某种纯粹语言学的起源；但是，认为感觉材料是某种外在于意识的东西，这一重要的结论却是建立在存在着一些能与意识建立联系的不同方法之上的。为了论证的缘故，承认一种知觉对象，譬如一团蓝色，它并不是知觉本身，我认为这些能在精神上被把握的方法已经被夸张了。只有两种方法，它要么能被知觉,要么能被想象。通过审视我的意识内容,我可以发现对蓝色的知觉或对蓝色的想象。这种区别是不可能出错的,并且是内在于这种知觉或想象之中的;但是实在论者的假定是,它是以两种不同方式所把握的同一客体或感觉材料。我只有这两种关于蓝色的意识;但是在我的意识内容中,我可能还发现了那些关于蓝色的思想,这种思想并没有意识到它,尽管它们可能伴随着对它的知觉或想象。当这些思想(智力性知识)和意识聚合到一起时,其他各种各样的分类便被引入了。通过智力知识,幻觉同知觉区别开来,虽然内在地说它们是完全相同的。同样的,记忆可与随意的想象区分开来。

215

作为知觉和想象活动的关系的线索,值得注意的是(通常至少)一种新的基本感觉只有在它首先被知觉到时才能被想象到。我们能够在想象中创造新的感觉组合,但是我们不能完全地创造新的滋味、颜色、痛苦等。似乎是在我们第一次知觉到一种新的滋味时,我们的意识得到了这样一种修正,因而此后才有可能会有对这种滋味的想象。我们通常说记住一种滋味是在记忆中把它贮存起来。我不明白,这如何能与实在论者关于想象和知觉是意识独立于意识之外的感觉材料的关系的观点相一致。

在我引用的那段话中已经认识到,如果知觉纯粹是心灵和外部世界之间的关系,客体就不会受到我们对其知觉的修正。不清楚的是,是否也能认为心灵也不会得到修正。如果心灵可由知觉活动所修正,把知觉描述为"关系"就是不正确的;以不止一种关系的存在为基础的论证就变成这种根据。另一方面,如果心灵和材料都不能由知觉行为来修正,怎么会直到该知觉之后,心灵与材料之间的新关系才成为可能，即才成为记忆或想象呢？

第五节

感觉在不同意识中表现出来的这种相同结构或密切相关的结构，为物理科学提供了逻辑起点。这自然地会发展为对感觉经验的相互关系的一般探究；但是，当我们达到这种更为宽泛的问题时，其主要的处理方法已经确定下来了。这种结构上的一致指向 216 于个体意识之外的共同原因，因此，这种相互关联的媒介被认为是外部世界，其中各种轨迹所产生的影响传递到不同意识所在的各个点上。在解释这个概念时，我们必须考虑这些影响从外部世界的一个部分到另一部分的传递，这种传递不仅给意识传递了信息，而且把世界的特征不断地重新配置，因而把世界的各部分聚合为时间和空间中的因果联系。这样一来，我们便给物理学赋予如下主要任务，即阐述关于外部世界的描述系统和可用于这些描述中所涉及的那些存在的规律系统，它们在各个方面同感觉经验的实际相互关系相一致。使用“同感觉经验相一致”的用语，我的意思是指，其结构中的这些部分，作为意识中的感觉结构的要素，同在那些意识中所实际体验到的各种感觉具有统一的一致性。

在这里我要强调的是，以这种方式所达到的关于外部世界的知识有两个特征：(1)它部分地是主体性的；(2)它是结构性的知识。从某种程度上说，这些特征可以有不同的选择；也就是说，如果我们展示的是由群论所提供的纯粹结构性形式表现出来的物理知识，我们就消除了大部分以更为常见的阐述方式所表现出来的主体性要素。我并不认为这种群结构从整体上说都是客观的;在第八章、第九章和第十章所考察的那种具有深刻根源的思维形式中,它是因情况不同而有所变化的。但是,物理学的基本规律和常量在这种终极的群结构中并不能表现出来;它们是由于使这种知识采用了同我们熟悉的观点不太远的思维形式而被引入的。如我在前面已经指出的那样(边码第117页),这种同科学进步的前沿相一致的思维体系并不是我们可用来评价这种进步结果的体系。

217　试图把不同意识结构中的这种相似性归结为同一种原因,同时却不允许这种共同原因具有同这种结构本身完全相同的客观性地位,这是不合逻辑的。所以,我把外部世界必定具有客观内容当作不证自明的公理。但是,根据我们的结论,物理学规律是我们用来表示关于这种客观内容的知识的思维体系的属性,因而物理学远远不能发现任何可应用于这种客观内容本身的规律。这便提出一个问题:如果我们不知道任何支配着宇宙的客观内容的规律,因而不知道这些客观内容是如何活动的,我们怎么能够成功地预言这些现象呢?

对科学家来说,虽然如今声称物理学同客观真理无关相当时髦,然而,倘若真按他们的话去做,却并不安全。显然,这种说法意在终结讨论,而不是在确定一个其深远意义有待探究的原则。我们自己的结论尚未彻底表达,但是它的意思是严肃的,因而我们必须拷问它有可能导致的各种困难。

倘若我们牢记纯粹的主体性只局限于物理世界的那些规律即规则性,许多难题就会出现。我们周围各种各样的现象主要是各类客观现象。那些进入到我们对事物的把握之中的主体性扭曲,只有物理学家才习惯于承认。迄今为止，我们试图尽力充分地区分客体性与主体性要素——这或许会有令人吃惊的结果。但是，我们承认特殊事实中的客体性要素，正是这些特殊事实构成了关于我们周围宇宙的大部分知识。

尽管如此，我们关于这些“特殊事实”的性质所做的某些结论仍然具有相当广泛的一般性。一个特殊事实是，大多数空间几乎是空的，物质积聚在一些相对较小的岛屿上。没有人提出这应当算作物理学的基本规律；我们实际上倾向于认为，这是后来才形成的特征，物质的原初分布是一团连续不断的星云。然而就某些目的而言，空间正常的虚空性同物理学规律一样具有同样的重要意义。在天文学中，我们经常把观察知识作为原因而不是基本假设，并以此为假定，来弥补我们关于物质分布的非常有限的观察知识。 218

承认特殊事实中的这种客观性，虽然难度减缓，却更加切中要害：如果不知道任何支配宇宙客观内容的规律，我们如何能做出预言。这并不是说我们仿佛能消除思考的客观内容；因为这些预言就是关于那些包含着这些客观内容的特殊事实的预言。

事实上，仅仅通过这些基本的认识论规律根本不可能做出任何明确的预言。在实际预言中，这些认识论规律是与概率规律结合在一起的。我们（在第六章）已经看到，现代物理学体系只承认概率预言。在推论出概率性的结果时，不确定性只局限于海森堡的限制，即假定有关个体粒子尚未确定的部分并不是相互关联的。这种非相互关联原理在所有预言中都是本质性的，足以作为观察检验的主体。

我们已经做出结论（边码第181页）说，个体行为的非关联性，尽管具有非常宽泛的一般性，却是一种特殊事实。一种特殊事实是，物质通常与意识是没有关系的，正像空间通常是空的或接近于219 空的是一种特殊事实一样。如果物理学毫无例外地是关于物质的规则，受有意识的意志力的影响，那么，它就不会采取其现在所采取的这种形式；但是同样地，如果在正常经验中所遇到的物质像其在恒星内部那样连续分布的话，物理学也不会像其现在这样采取这种形式。

人们经常指出，科学家的观点不同于野蛮人的主要区别在于，野蛮人把他在自然界中发现的一切神秘现象都归之于魔鬼或其他神灵的活动。对野蛮人来说，任何物质客体都可能会有魔鬼般的意志力，除非这个有引领作用的魔鬼顺从祈祷者和劝慰，否则，对它的活动不可能有任何指望。通过极大地限制这种魔鬼式活动的领域，物理科学给自身留下了地盘，因而有广大的经验领域可以使行为有所依赖，使科学的预测成为可能。最大的可能是这种变化的实际效果，这是一个具体的（特殊事实）问题，而不是一个原理问题。魔鬼式的活动（意志力）仍然存在，虽然它被局限于人和高等动物的某些中心。在指向这些中心时，祈祷者和劝慰或许仍然可以影响物理现象的进程。我们现在认为，把岩石、大海和天空想象为是由我们在自身中所意识到的那些意志力所推动或赋予活力的，这是荒唐可笑的。如果把岩石、大海和天空毫无意志的行为想象为也可以延伸到我们自身，仿佛我们还没有从250年的决定论物理学压迫中解放出来，人们会认为，这是更加荒谬可笑的。

因此，我们不会把非关联性原理当作物理学的基本规律之一。非关联性通常是有适用性的，但是在例外情况下也会出现关联性，并会导致行为的不可预见性。我们通常认为，这是有意识的意志力在物理上的显现。在谈到这种行为是不可预见的时，我们的意 220 思是指根据物理学这种行为不可预见，它适用于因假定非关联性而使我们忽视大量客观行为所留下的空隙。实际上，有自主选择性的行为可能充满了期望——它可能是对我们自身请求的回答——但是，这种期望说明的是关于客观世界的知识，而不是由物理科学所构成的知识，并且不能归结为所接受的物理规律的模式。就相互关联的**比较稀缺**可以被看作一种规律而言，这种规律是意识的分布规律，而不是物理世界的规律。

在我早年提到物理学的基本规律体系时，如果流行的意见倾向于包含随机规律的话，我不会冒险断然地排斥这种规律。但是，我认为多数人会反对把这种规律包含进来，虽然他们的理由与我的理由不同。我们共同的观点是，哪里有大量的单个体系，在这些体系中就不可能有任何相互关联性，除非有某种特殊原因造成它们相互关联。但是，相互关联的特殊原因在物理学中被描述为相互作用，因而在日常的规律系统中应当提供这种原因。根据这一观点，随机规律是纯粹否定性的——它断言，相对于已经阐述的规律系统中所提供的那些相互关联而言，并没有进一步的相互关联。简而言之，随机规律或非相互关联规律不是物理学的基本规律之一，而是“终结”这个词在该体系完成时所增加的。

这个论证以关于世界结构的综合观点为基础，以个体性粒子为出发点，并把这些粒子结合起来，形成了我们的日常感觉能感知到的客体。虽然还没有建立起真正严格的证明，然而，坚持这种结构模式中心可确保非关联性，却似乎是合理的结论；因此，不必要

221 做出结论说，这种非关联性原理是一种附加的假设。但是，非相互关联似乎有不同的根据，其根据是对世界的结构进行分析，它开始于显而易见的客体和把它们分析为我们称之为个体粒子的结构性要素。根据所分析的这些客体特征，我们可以获得这些具有相互关联的或没有相互关联的行为的结构性要素。当我们发现非相互关联时，这种独立性并不是每一单个粒子所具有的，而是那些所研究的特殊结合才具有的。因此，分析观点并不会自动地施加在非相互关联原理之上。这不可能是一种综合性观点，根据这种观点，独立性——不关心其他圈子在做什么——被认为是每一粒子无条件的特征，因此，在集合系统中，那些相互关联的粒子的行为与自然界是对立的。

我们接受的这种分析观点并没有为非相互关联提供任何先验的理由。但是，正如我已经说明过的那样，我们不承认关于非相互关联的一般原理或规律。相反，我们承认相互关联的**稀缺性**原理是关于世界在当下条件下的特殊事实。

第六节

在这个讨论中，我们自始至终坚持认识论的进路模式。对我们而言，**知识**是有价值的一种事物。在我们的研究中，人的精神要素似乎是我们所**知道**的东西——它是被掠夺而来的知识中包含的珍宝。由于收集者冷酷无情，我们便把这种珍宝放到我们的博物馆中，在那里把它有条理地系统陈列和展示出来。

我几乎没有理由把我的探究扩展到“知识”一词所表示的界限

以外。但是，我不喜欢给人留下这样一种印象，即把人类精神描述为“某种知道的东西”就能得到关于其性质的全部真理。描述为物 222 理科学所使用的术语“观察者”并非十分狭隘。意识除了是一台相当无效的测量机器以外还有其他功能；知识除了把感觉印象相互联系起来以外还可能会获得其他真理。然而，由于承认知识领域可以有最大的延伸，知识的追求便是唯一适合于我们自我完成的活动之一。积累、完善和赞美知识的本能不会孤立地存在，它与其他本能具有血亲关系，而这些本能同样主张接受、推进来自于神秘源泉的东西涌现在我们的本质之中。

即使在科学中我们也明白，知识不是唯一有价值的东西。我们允许自己谈论科学的精神。敌视科学的政治制度的崛起对我们有一种警示，这种警示主要地不是因为对知识后果的审视，而是因为对科学精神的压抑和扭曲。比任何“思维形式”更为深刻的是，我们相信创造性活动比它所创造的事物更有意义。根据这种信念，在连续不断的科学革命中，经过艰难困苦所赢得的知识即使崩溃，也不会像它表面上看上去的那样是连续不断的悲剧。

在理性时代，信念依然是至高无上的，因为理性乃是信念的颗粒之一。

知识的难题只是外壳，在这一外壳之下还隐藏着另一哲学难题——**价值**的难题。我们不能声称在追求科学认识论的过程中获得的理解和经验在此也是非常有用的；但是，没有任何理由试图说服我们自己说这个问题是不存在的。一个科学家应当在他的哲学中承认——正如他已经在其自我宣传中所承认的那样——为了对他的活动给予终极证明，有必要离开知识本身去寻求人性方面的努力，这种努力不是要去证明科学或理性的合理性，因为其本身就是对科学、理性、艺术和行为的合理性证明。对于神秘主义与科学的关系，我在其他地方已经有过论述。

223 泛泛之论的危险在于，这种观点通常是浅薄的。我们可以宣称一种认识论观点，把它譬如说限制在赋予科学家的观点比他没有批判深度的传统观点更加宽泛。它有利于物理科学的技术进步是毫无疑问的。与此同时，它赋予同哲学思想相联系的物理知识的意义以更加公正的概念——这个视域既不扩大也不低估世界的物质方面，正是它构成了人类有意识的经验背景。尤其是认识到物理知识仅仅同结构相关指出了一条进路，根据这条进路，人可以作为道德和精神秩序的要素，这个概念同人作为物质世界力量之玩具的概念是完全吻合的。

索　引

（下列数码为原书页码，即本书边码）

A posteriori knowledge，后验知识，经验知识，24，26
A priori knowledge，先验知识，24
　关于自然常量的～，58，175
　不可应用于具体事实的～，65
　同思维体系相联系的～，116
Absolute，绝对，85
　不能由张量来表示的～，87
Absolute truth，fragments of，绝对真理的碎片，184，186
Aether，velocity of，以太的速率，33，38
Analysis，concept of，分析的概念，118；
　applied to consciousness，应用于意识的分析，195
Arithmetic，unified with wave mechanics，与波动力学相统一的算法，173
Artist，physicist as，作为艺术家的物理学家，112
Astronomy，天文学，14，186
Awareness，direct，觉识或直接的意识，191，203，211；
　有感觉力的～和有见识的～，199

Berkeleian subjectivism，贝克莱的主观主义或主体论，27
Bode's Law，波德规律，14
Bohr，N.，玻尔，29

Cardinal symbol，基本符号，167，173，176
Causal hypotheses，因果假设，43，63，218
Causation，因果关系，原因，149，208
Chair，as physical object，作为物质客体的椅子，159
Chance，law of，随机规律，61，180，218
Characteristic equation，特有等式或方程式，167

Cipher, interpretation of, 对密码的解释,解码,148
Clifford, W.K., W.K.克里福特,4
Colour, production of, 颜色的产生,106
Communicable knowledge, 可沟通的知识或可传递的知识,142,207
Composite nature of white light, 白光的复合性(质),106
Compulsory laws, 必然规律,19,20,65,181
Conscious matter, 有意识的物质,180
Consciousness, 意识
作为客观规律之源的~,69
~的群结构,148,207,215
~与物质的二元论,150
分配给其他各人的~,193
~的内容,195
Conservation, laws of, 守恒规律,58,169; constancy of, 守恒的不变性,28
Correlation of experience, 经验的关联性,184,187
Correlation of undetermined behaviour, 不确定行为的关联性,181,218
Correspondence principle, 一致原则,29
Cosmical number, 宇宙数,59,65,175,177; numerical value, 数值,170
Coulomb force, 库仑力,170
Counting, 171, 计算
量子算法中的~,173
Court of Appeal, observation as, 作为上诉法庭的观察,9,18,94

Data, primitive, 原始材料,195,201
Davison, Archbishop, 戴维森大主教,7
Debunking, 揭露,177,178
Definition, logical contradictions in, 定义中的逻辑矛盾,39,41
Definition of physical quantities, 物理量的定义,70
长度与时间广延的定义,73
Determinism, 决定论, *see* Indeterminism, 见非决定论
Dimensions of space-time, 时空维度,169
Dingle, H., H.丁格尔,160
Displacement, non-integrability of, 位移的不可积性,82,84
Distance, 距离
~的观察意义,12
~的定义,73
长~,82
Distant simultaneity, unobservationability of, 远距同时性的不可观

察性,38,42
Dualism,二元论,150
Duplicating, operation of,增加两倍的运算,139,143

Eigenvalues,本征值,162,165,174
Einstein, A.,爱因斯坦,7,28,55,71,83
Einstein's and Newton's laws compared,爱因斯坦的规律与牛顿规律的比较,47
Electromagnetic field, failure of standard in,电磁场中的标准失效,79
Electron,电子
～不是波,51
～与质子不同,124
基本状态的～,127
宇宙中的～数,170
Electrostatic (coulomb) force,静电(库仑)力,36
Epistemological method,认识论方法,18
～的先验特征,49
对～的勉强接受,53
～的范围,56
～的样本,84
Epistemological principles,认识论原理
～的保证,19
～代替物理假设,35,37,45,47,56
～的精确性,45
Epistemologicalist as observer,作为观察者的认识论者,21
Epistemology,认识论
科学～,1
～的观察控制,5
～的第一公理,10
不可观察物的～探究,39
Evolution of sensory equipment,感官器官的进化,133
Exactness of epistemological laws,认识论规律的精确性,45
Existence,存在
～的意义,154
物理宇宙的～,物质宇宙的～,157
～的结构概念,162
Existence symbols,存在符号,163
独立的存在,165
四重的存在,168,176
Expectation value,期望值,174
Experiment, interference due to,由实验造成的干扰,108,112
External world,外部世界,147,150,198,209

Fish, analogy of,鱼的类推,16,19,62

Form and substance,形式与实体,110
Forms of thought,思维形式,115
从～中解放出来,118
～概要,135
Fourier analysis,傅立叶分析,107
Frames of thought,思维体系,115
～概要,135
Freewill,自由意志,182
Full circle,完整的圆圈,77
Fundamental hypotheses,基本假设,43,56,63
Fundamental laws,基本规律,61,63

Generalisation,归纳,普遍原则,13,17
普遍原则的假设,44
Generic subjectivity,类的主体性,87
"Good" observation,"良好的"观察,20,22,96,110
Grating, action of,光栅的作用,107
Gravitation, Newton's and Einstein's laws,牛顿的引力规律与爱因斯坦的引力规律,47;Einstein's theory of,爱因斯坦的引力理论,83
Gravitational constant,引力常量(数),58
～的恒久性,78
Group-structure,群结构,140
作为物理知识之基础的～,147
感觉在意识中的～,148,207
～的综合,209
Groups, theory of,群论,ix,140

"Hard facts of observation",坚硬的观察事实,32,89
Heat-death universe,热寂的宇宙,54
Heisenberg, W.,W.海森堡,28,31;*see also* Uncertainty principle 又见不确定性原理
Human knowledge,人类的知识,192
Hypotheses,假设
基本～和偶然～,43,56,63,218
普遍原则的～,44
物理～的消除,43
由认识论原理来取代的～,37,45,47,56
Hypothetico-observational knowledge 假设-观察知识,12

"I",我,202,204
Idealist philosophy,唯心主义哲学,观念论哲学,69
Idempotent,幂等的,162,202
Identical structural units,相同结构单位,122,128
Imagining and perceiving 想象与感

知,214
Indeterminism,非决定论,63,90,94,180
Indistinguishable particles 不可分的粒子,36,128
Integers as eigenvalues,作为本征值的整数,167,173;highest integer 最大整数,175,177
Intellectual and sensory equipment 智力器官和感觉器官,16,114
Interaction,相互作用,127
Interference of perfect observers,完美观察者的干扰,98
实验对～,108,131
Intrusion of scientist in philosophy,科学家对哲学的入侵,4,7,188
Invariance,不变性,不变式,40;Lorenz-invariance 洛伦兹不变式,56
Irreversible property of probability,不可逆的随机属性,92,136
Items of observational knowledge,各种观察知识,99

Jeans, J.H.,J.H. 琼斯,137
Joad, C.E.M.,C.E.M. 乔德,146,211

Kant's philosophy,康德的哲学,188
Knowledge,知识
～的定义,1
物理～,2
理论～和观察知识,10
～的主体性要素,17
后验～和先验～,24,26
直接的～探究,49
结构(性)～,142
非物理～,189
同情(性)～;～的原始材料,195,203
由直接意识获得的～,199
不是哲学唯一目的的～,222

Language,语言
用作指引的～,201
～对知识的影响,211
Laplace,拉普拉斯,63
Law of chance,随机规律,61,180,218
Laws of governance of objective universe,支配客观宇宙的规律,179,183
Laws of nature,自然规律,13,17,58,63
～的主体性形式,67
同思维体系相联系的～,116
Laws of Nature,《自然规律》,67
Length, definition of,长度的定义,71,73
对长度的一致同意,77

Length，standard of，长度的标准，75
长度在电磁场中的失效，80
～的失效，82
Logical positivism，逻辑实证主义，189
Lorentz transformation，洛伦兹变换，56

Mass，change with velocity，随速率而变化的质量，116
质量守恒，129，132
Mathematics，relation to physics，数学同物理学的关系，55，72，74
如何引入质量，137
Measurement，dependent on four entities，依赖四个存在物的测量，168，176
Memories，记忆，191，198
Metaphysician，形而上学家，16，17，33
Metrology，计量学，73，77
Michelson-Morley experiment，麦克-莫雷实验，39
Microscopic physics，微观物理学，28
～同摩尔物理学的统一，77
Mysticism，神秘主义，222

Natural philosophy，自然哲学，8
Nature of the Physical World，《物质世界的本质》，viii，99
Necessities of thought，思想的必需（品），118，121，132
Neutrinos，中微子，112
Newton，牛顿，47，52，83
～对颜色的实验，106
Nomenclature，mathematical，数学术语，137
Non-integrability of displacement，位移的不可积性，82，85
Notation，orgy of，符号的狂欢，138，163
Nucleus，atomic，原子核，60，109，111，170
Number of protons and electrons，质子数和电子数，170

Objective law，nature of，客观规律的本性或性质，68，183
Objective universe，客观宇宙，25，27，66，158，217
Observation，as Court of Appeal，作为上诉法庭的观察，9，18，94
观察的性质，31，89
坚硬的观察事实，32，89
作为指针读数的观察，99
Observer of observers，观察者的观察者，21，179
Occupation symbol，占有符号，166

Operation, selective, 选择性运算, 26
可终止的运算集合, 140
Operators, symbolic, 符号算子, 174
Ouch, 哎哟, 200

Part, conception of, 关于部分的概念, 119
肯定的和否定的部分, 120
Particle, elementary, 基本粒子, 163
独立存在的～, 165
Particles, indistinguishable, 不可分的粒子, 36, 128
Pattern of physical law, 物理规律的模式, 67
群结构的～, 140
Pearson, K., K.皮尔士, 4
Perfect, compared with "good", 与善相比较的完美, 129
Perfect observations, 完美的观察, 96
～的干扰, 98
Permanence, 持久性, 恒久性, 129
Personal subjectivity, 个体主体性, 86
Philosophy and the scientific intruder, 哲学与科学的僭入者, 4, 7, 188
Philosophy of science, 科学哲学, vii, aim of, 科学哲学的目的, 187
Philosophy of scientists, not applied in practice, 不能在实践中应用的科学家的哲学, 54, 185
科学家的哲学的习惯信条, 184
Physical knowledge, 物理知识, 2
～的形式, 10
～的同质性, 14
～的结构性特征, 142
Physical objects, 物理客体, 物质客体, 159
Physical quantities, observational definitions of, 物理量的观察定义, 70; do not include probability, 不包含随机性的物理量, 91
Physical science, logical starting-point of, 物理科学的逻辑起点, 148, 215
Physical universe, definition of, 物理宇宙的定义, 2, 101
～的合理性证明, 159
Planck, M., M.普朗克, 28
Poincaré, H., H. 彭加勒, 4, 72
Pointer language, 指示语言, 200, 201
第二和第三级指示语言, 100
Position, 位置, 立场, 120, 170
Prediction in classical physics, 经典物理学的预言, 63
经典物理学通过随机规律做的预言, 61, 218
Probability, 概率, 可能性, 50, 89
～的不可逆性, 91, 136

～的统计意义,95
由观察干扰所引入的～,98;*See also* Chance,又见随机
Procrustean treatment,普罗克汝斯忒斯式的处理方式,削足适履的处理方式,109,112,116,131
Proton,质子,124
宇宙的质子数,170
Pseudo-distance,假距离,31
Pure mathematician,纯粹数学家,72,74,137

Quadruple existence symbols,四重存在符号,163,168
波函数,176
Quantum arithmetic,量子算法,172
Quantum jump,量子跃迁,173
Quantum specification of standard,量子的标准具体化,75
Quantum theory,量子论 28
～的历史,28
～对知识的分析,50
～提供数值的具体化,75
～与相对论的统一,77
～引入随机性,89
对～的批评,35,54,126
Quotations from,出自以下的引证:
Anonymous,阿诺尼莫斯,184
Chaucer,乔叟,79
Dingle, H.,丁格尔,160
Joad, C.F.M.,乔德,14,211
Kipling,基普林,81
Nurseryrhyme,童谣,儿歌,160
Poincaré, H.,彭加勒,72
Preston, T.,普利斯顿,106
Rankine, W.J.M.,138
Russell, B.,罗素,152
Stebbing, L.S.,斯特宾,159
Zechariah,撒迦利亚,179

Rational correlation of experience,经验的合理的相互关联,184,187
Rayleigh, Lord,瑞利,勋爵,107
Realist philosophy,实在论哲学,147
对～的批评,211
Relations,关系,31
由双重存在符号所表示的～,163,164
Relativity, principle of,相对论原理,31
Relativity theory,相对论,28,33,71,85
Remembered-sensations,记住的感觉,191,198
Rotations, group structure of,旋转的群结构,139,146
六维的～,140,164
Russell, Lord,罗素勋爵,152
Rutherford, Lord,卢瑟福勋爵,109

Sapient and sentient awareness，有见识的和有知觉力的意识，199
Schuster，A.，A.舒斯特，107
Scientific epistemology，科学认识论，1；*see also* Epistemology，又见认识论
Scientific philosophy，科学哲学，vii，aim of，科学哲学的目的，187
Sculptor，compared with physicist，与物理学相比较的雕刻家，111，121
Selection，选择，17，114，133
Selective operations，有选择的运算，26；interference，有选择的运算的干扰，110
Selective subjectivism，选择主体论，viii，26
Self-consciousness，自我意识，204
Self-sufficient parts，自足的部分，126，136
Sensation，theory of，感觉论，210
Sensations，group-structure of，感觉的群结构，142，207，215
从～中可获得的信息，149
同其他感觉相区别的～，196
作为主一客关系的群结构，203
Sensing，感觉活动，212
Sensory and intellectual equipment，感觉器官和智力器官，16，114，133
Sensory impressions，感觉印象，196，210
Sensum，感觉材料，204，212，214
Sentient and sapient awareness，有感觉力的意识和有见识的意识，199，
Set of parts，诸部分的集合，118，145
Short standard，短标准，81
Signless coordinate，没有记号的坐标，35
Simultaneity（distant），unobservability of，(遥远的)同时性的不可观察性，38，42
Snook，轻蔑，214
Solipsism，唯我论，193
Space，measurement of，空间的测量，71
空间的一般概念和结构概念，145
Special facts，特殊事实，15，63，66，218
Specialization of philosophy，哲学的特殊化或具体化，8
Spirit，精神，69，115，184，219，223
科学～，222
Standard of length and time extension，长度标准与时间的延长，74，75
长度标准与时间延长的限度，79，81
State，状态，166

Stebbing, L. S.,斯特宾,146
Strain of long standard,长度标准的链条,82
Structural concept,结构概念,144
空间的~,145
听到噪音的~,149
存在的~,162
Structural knowledge, communicability of,结构知识的可沟通性或可传递性,142
结构知识的物理学基础,147,207
Structural units,结构单位,122,127
Structure, 结构 75
~的量子具体化,75
多种多样的说明~,125
群的~,140
~的数学概念,142
感觉在意识中的~,148,207
~的综合,209
Subject-object relation, sensation as,作为主-客体关系的感觉,203,207
Subjective selection, 主体性选择,17,114
Subjectivity of physical universe,物理宇宙的主体性,26
~范围,57,59,66
~的消除,86,216
宇宙数的主体性,178
人的知识的主体性,192
Substance,实体,129
Substance-analysis,实体分析,120
Summary,概括
前六章的~,102
思维形式的概念的~,135
Symbols,符号,137
幂等的,全等的~,162
存在~,163
占有~,166
基本~,167
~的本征值和期望值,174
Sympathetic knowledge,共通感知识,190
记忆中包含的~,191
Systematization, contrasted with generalisation,与普遍原则相对比的系统化,13

Tensors,张量,86
Theoretical and observational knowledge,理论知识和观察知识,10
Time, sensory impression of,关于时间的感觉印象,197
Time-extension, standard of,时间延长的标准,75
Twelve o'clock rule,十二点规则,25

Uncertainty principle,不确定原理,29,35,90,99

海森堡的～,183
Uncountable particles,不可计数的粒子,171,175
Undertermined behaviour,尚未决定的行为,180
～的非相互关联性,181,218
Unfinished sentence,尚未完成的句子,156,158
Unification of physics,物理学的统一,44,60,173
Unified theories,统一理论,80
Unity of consciousness,意识的统一性,195,205
Universe, objective,客观宇宙,25,27,66,158,217
Universe, physical,物质宇宙,物理宇宙,2,101,159
Unobservables,不可观察物,32
～的探查,39,41
区分～的重要意义,51
Uranoid,铀系元素,166
Values, problem of,价值观问题,222
Variety,多样性
由关系造成的～,122
由结构造成的～,125
Velocity of light, constancy of,光速的不变性,78
Verb-form, paucity of,动词形式的缺乏,39,42,75
Vicious circle,恶性循环,循环论证法,39,42,75
Volition,意志力,意志力的作用,180,183,219

Wave functions,波函数,174;quadruple,四倍的波函数,176
Wave mechanics,波动力学,28;*see also* Quantum theory,又见量子论
Wave packet,波包,51,93
Weyl, H.,韦尔,28
Wilson chamber,云室,134,175

图书在版编目(CIP)数据

物理科学的哲学/(英)爱丁顿著;杨富斌,鲁勤译.—北京:商务印书馆,2016(2024.12 重印)
(汉译世界学术名著丛书)
ISBN 978-7-100-11665-7

Ⅰ.①物… Ⅱ.①爱… ②杨… ③鲁… Ⅲ.①物理学哲学—研究 Ⅳ.①O4

中国版本图书馆 CIP 数据核字(2015)第 245742 号

汉译世界学术名著丛书
物理科学的哲学
〔英〕阿瑟·爱丁顿 著
杨富斌 鲁 勤 译

商 务 印 书 馆 出 版
(北京王府井大街 36 号 邮政编码 100710)
商 务 印 书 馆 发 行
北京盛通印刷股份有限公司印刷
ISBN 978-7-100-11665-7

2016 年 1 月第 1 版 开本 850×1168 1/32
2024 年 12 月北京第 4 次印刷 印张 8⅛ 插页 1
定价:39.00 元